THE
APOLLO
STORY

阿波罗
大揭秘

[英] BBC《仰望夜空》(*Sky at Night*) 杂志 编

冯麓 译

人民邮电出版社

北京

图书在版编目（ＣＩＰ）数据

阿波罗大揭秘 / 英国BBC《仰望夜空》杂志编；冯
麓译. -- 北京：人民邮电出版社，2019.8（2020.12重印）
（BBC夜空探索）
ISBN 978-7-115-50146-2

Ⅰ．①阿… Ⅱ．①英… ②冯… Ⅲ．①月球探索－普
及读物 Ⅳ．①V1-49

中国版本图书馆CIP数据核字(2018)第265521号

版 权 声 明

内 容 提 要

　　《仰望夜空》（Sky at Night）是一本由英国广播公司（BBC）出版的关于天文学和天文观测的杂志，这本杂志是在 BBC 已有 50 多年历史的《仰望夜空》专栏电视节目的基础上诞生的。《仰望夜空》栏目曾由知名天文学家帕特里克·摩尔先生主持，现已成为 BBC 的经典节目之一。从宇航登月到日食观测，从夜观天象到人物访谈，从天文摄影到太空探索，这本杂志的内容包罗万象、应有尽有。

　　本书是 BBC 基于《仰望夜空》杂志出版的一系列图书之一，主要介绍了阿波罗 1~17 号计划的方方面面，从项目的开发、宇航员的工作到月球的探索以及显著的成就等应有尽有。同时，书中还呈现了众多历史图像，讲述了失败的悲剧等内容，让我们全方位了解到了人类探索宇宙伟大计划背后的故事。

◆　编　　　　[英]BBC《仰望夜空》（Sky at Night）杂志
　　译　　　　冯　麓
　　责任编辑　王朝辉
　　责任印制　陈　犇

◆　人民邮电出版社出版发行　　北京市丰台区成寿寺路 11 号
　　邮编　100164　　电子邮件　315@ptpress.com.cn
　　网址　http://www.ptpress.com.cn
　　北京宝隆世纪印刷有限公司印刷

◆　开本：787×1092　1/16
　　印张：7.25　　　　　　　　　2019 年 8 月第 1 版
　　字数：202 千字　　　　　　　2020 年 12 月北京第 2 次印刷
　　著作权合同登记号　图字：01-2018-3879 号

定价：49.00 元
读者服务热线：(010)81055410　印装质量热线：(010)81055316
反盗版热线：(010)81055315
广告经营许可证：京东市监广登字 20170147 号

序言

阿波罗计划是人类最伟大的成就之一。当尼尔·阿姆斯特朗在月球静海上迈出其历史性的第一步，命运就注定了我们将不再被束缚在一直以来我们繁衍进化所在的这颗行星，我们的征途也可以是星辰大海。为了证明这次壮举并非偶然，后续的 6 次登月共搭载 12 名太空探险家跨域 35 万千米之遥，深入太空先后造访了地球的这颗卫星。

在本书中，你将会领略这些月球行者，以及其他所有追求阿波罗计划无畏艰险的宇航员们的风采。仅仅在 10 年间，他们便实现了美国前总统约翰·肯尼迪在 1960 年所提出的"将人类送上月球并安然返回"的誓言。

但这项计划远非一帆风顺——第一次的载人任务未及正式开始，3 名宇航员便已牺牲在发射台上，其后又有阿波罗 13 号在旅途当中发生的爆炸事故。在这短短的 9 年间，美国在航天方面取得了卓越的成就，可是实际上，直到 1959 年，美国才第一次将动物送上太空并安然返回，而这仅仅比阿波罗 11 号早了 10 年光阴。

> **"让我们一起来领略这些月球行者以及与他们共同为了阿波罗这项勇敢无畏的计划而献身的宇航员们的风姿吧！"**

这巨大的成就源自千万人为了创造一个宇宙探索的黄金时代所展现的好奇心、求知欲以及无比的热情。这些科学家、工程师和技术人员以及他们所将面临的艰巨任务都将在本书的图文当中一一呈现。

尽管现在看来，作为冷战的产物阿波罗计划貌似徒劳无功，但无可否认的是它自身的成就确实无与伦比。更重要的是，它的成功是人类不断超越自身能力的最有力的佐证。

克里斯·布拉姆斯
BBC《仰望夜空》杂志编辑

观众们，包括比利时的国王与皇后，聚集在一起观看阿波罗10号发射升空。

目录

阿波罗计划前夕

第二次世界大战后，美国与苏联均欲在各方面取得领先。此时，这两个超级大国不约而同地都将目光转向了太空。

20世纪中叶，两名才华横溢的工程师引发了苏联和美国之间的火箭竞赛，他们每个人都经历了人生当中最残酷的时光。其中一名在劳改营中与死神擦肩而过，而另一名则很可能要为一个集中营的建立而承受部分责任。他们所创造的机器既为人类带来了毁灭性的灾难，又为触摸星辰带来了希望。

1938年，正当飞机工程师谢尔盖·科罗廖夫在位于圣彼得堡的陆军实验室里研制简易火箭时，却不幸被捕。饱受折磨的他随后被关押在西伯利亚的古拉格集中营中。3年后，在生命垂危之际，他被征召回莫斯科。这时希特勒的军队开始入侵苏联，使得苏联急需各类工程师。1945年，科罗廖夫被派往德国修复那些与他曾经朝思暮想建造的火箭相似的火箭残骸。

来自战争的推动

沃纳·冯·布劳恩恐怕是唯一一位名字为大众所熟知的火箭科学家，出身于日耳曼贵族世家的他对太空极度痴迷。当纳粹开始掌权，冯·布劳恩说服希特勒火箭将会是非常有效的武器。他在波罗的海沿岸的佩内明德研制了为后人所熟知的V-2复仇火箭。1943年，一座森然恐怖的地下工厂在德国诺德豪森建立。正是在这里大量饥寒交迫的奴隶囚犯在党卫军的监管下组装冯·布劳恩研制的火箭。

当纳粹政权土崩瓦解后，英、美以及苏联的特工在德国饱受战乱摧残的国土上遍寻遗留下来的冯·布劳恩的作品。当时各国已经清楚意识到一旦V-2火箭的后续型号配备了核弹头，将会重塑各方力量的平衡。冯·布劳恩最终向美国投诚并为他及同事成功策划了出逃计划，这也帮助不少同事从正在处决"不忠"的德国人的党卫军手下顺利脱逃。

随后的10年间，V-2火箭在新墨西哥州白沙实验场进行了一系列平淡无奇的实验。由于美国政府对实验缺乏兴趣，冯·布劳恩感到非常沮丧。20世纪50年代末，沃尔特·迪士尼鼓励他将想法用于以和平为目的的太空探索事业上，并通过电视把这个想法展示给大家，这一举动也确实帮助他提高了声望。

与此同时，科罗廖夫开始着手世界上第一枚洲际导弹Raketa-7（R-7）的研制工作，以及位于苏联的拜科努尔秘密发射场的建设工作。R-7导弹的首要功能是直接向美国发射核导弹，但科罗廖夫知道它也可以将更轻的荷载送往太空。他成功说服了苏联军队当中那些充满质疑

> 66 R-7 导弹的首要功能是直接向美国发射核导弹，但科罗廖夫知道它也可以将更轻的荷载送往太空。 99

（右图）冯·布劳恩（中间）在向肯尼迪解释新的土星发射系统。

（上图）沃尔特·迪士尼和沃纳·冯·布劳恩讨论太空探索的可行性。

（上图）1957年10月4日，史波尼克发射升空。

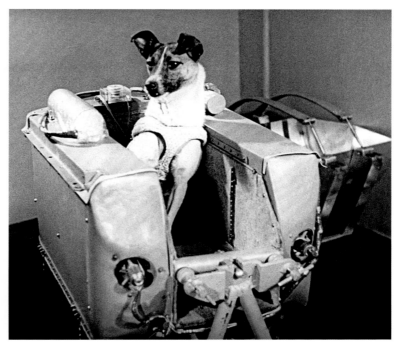

（上图）这条叫作莱卡的狗正坐在史波尼克2号中。不幸的是，发射后不久它就死了。

（左图）工程师正在调整探索者1号，它即将成为人类第一台携带科研设备的卫星。

的将军准许他使用R-7发射一枚卫星。1957年10月4日，他将人类历史上的第一颗卫星史波尼克送入轨道。

当时苏联的领导人，尼基塔·赫鲁晓夫见到美国举国震惊的反应十分高兴。他敦促科罗廖夫尽快再次向太空中发射些物件。一个月后史波尼克2号升空。这次在其上还搭载了一位活生生的乘客——一条叫作莱卡的狗。科罗廖夫的目标显露无遗：他要将人类送上太空。他许诺苏联军队他将研制一颗新卫星用于监测西方国家，但同时他解释道他首先需要招募一名视力极为出色的飞行员，负责隔着卫星的窗户进行目视观测，以核实间谍相机所拍摄到的目标。将军们被他说服，1959年10月，第一批"宇航员"诞生。

太空竞赛开始

美国前总统德怀特·戴维·艾森豪威尔起初并不想将经费花在火箭上面，他害怕由此而产生的新的"军工联合体"可能会带来的影响。直到海军一枚资金不足的卫星运载火箭"先锋号"在发射台上爆炸，人们才想到再次启用冯·布劳恩，以挽救美国岌岌可危的航天工业。他的团队很快便改造了一枚短程木星火箭并利用它成功发射了一枚卫星——探索者1号。

为了掩盖其军事背景，他们将这枚火箭命名为朱诺。该火箭的设计主要基于美国陆军的红石火箭，而红石火箭，从头到脚都是取材于V-2火箭的各项技术，

1961年4月12日，苏联宇航员尤里·加加林成为第一个进入太空的人。

这其中就包括用于调整排气方向的可调碳晶叶片等核心技术。

1958年7月，美国国家航空航天局（NASA）成立，机构成立之初的启动经费仅够支持一台小型载人太空舱水星号的研发。艾森豪威尔坚持这项计划应属于民用范畴，并希望这一项被他视作"如同太空007一样荒谬"的计划能够早早结束。

又一次挫折

在NASA第一任行政长官基思·格伦南以及他的继任者詹姆斯·韦伯的领导下，冯·布劳恩和他的同事们在追赶苏联的道路上仍旧困难重重。1961年4月12日，当得知尤里·加加林乘坐东方号太空舱环绕地球并安然返回后，美国再一次深深地被科罗廖夫和他的R-7火箭的又一次胜利所震撼。当时新上任的美国总统约翰·肯尼迪急欲回应，"如果有任何人能告诉我怎样才能够赶上那些苏联人，咱们就立刻把他请来。我才不管他会不会是那边的那位清洁工，只要他知道该怎么做就行。"

阿波罗发射

3天后，由美国中央情报局（CIA）在幕后支持的由古巴流亡人士所组成的突击旅试图推翻菲德尔·卡斯特罗的政权。这次尝试是一次彻底的失败，这也使得肯尼迪为了恢复他自己的声望不得不将工作重心转向了航天。4月20日，他问当时的副总统林登·约翰逊，一位热衷于为美国建立太空优势奔走活动的政治家，"我们是否有机会通过在太空中建造实验室，绕月飞行，或是将火箭降落在月球上面击败苏联人？有没有什么空间项目能够带来足够令人瞩目的成果帮助我们获得胜利？"

最终还是决定让NASA启动其载人航天项目。1961年5月5日，阿伦·谢帕德乘坐水星号太空舱飞入太空，尽管他的旅程仅有短短的15分钟，但这已足够鼓舞肯尼迪的信心。在1961年5月25日一次历史性的演讲中，他是这样对美国的国会议员们说的："我相信现在到了这个国家兑现承诺的时刻，去完成这个目标——在这个10年结束前，将人类送上月球。"苏联的第一位宇航员升空后的第23天美国的第一位宇航员飞入太空，阿波罗计划正式启动。如果没有这3个星期，肯尼迪可能永远也不会向月球招手。

（上图）在NASA成立之前，太空研究由美国国家航空咨询委员会领导。

> 1958年7月，NASA成立，机构成立之初的启动经费仅够支持一台小型载人太空舱水星号的研发。

（上图）任务完成，谢帕德正在被救援直升机吊起。

（右图）谢帕德接受由约翰·肯尼迪亲自颁发的杰出贡献奖。

"我相信现在到了这个国家兑现承诺的时刻，去完成这个目标——在这个10年结束前，将人类送上月球，并安全返回地球。"约翰·肯尼迪。

阿波罗
1~6号

悲喜交加的阿波罗早期任务

任务概要

目标：无人任务的主要目的是对指令舱与服务舱、登月舱以及用于将航天器推向太空的火箭—— 土星 1B 号以及后来的土星 5 号进行功能测试。
但阿波罗 1 号的悲剧震撼了所有人，这也使得 NASA 将无人任务持续延后。

日期：这些任务发生于 1966 年 2 月 25 日至 1968 年 4 月 4 日期间。

已运抵发射场的土星 1B 号的一部分，这台火箭原定用于阿波罗 1 号的发射任务。

大部分阿波罗计划的任务及其编号大家都耳熟能详。包括第一次成功实现载人发射的阿波罗7号，第一次成功实现绕月飞行的阿波罗8号，第一次成功登月的阿波罗11号，在爆炸中险象环生的阿波罗13号，最后一次飞向月球的阿波罗17号。那么，在这之前的阿波罗1-6号又是怎样的呢？

1966年2月阿波罗的第一个组件飞入太空轨道，这次实验主要用于对服务舱的发动机和太空舱的防热罩进行功能测试。发射采用了土星1B号——一枚装有8个燃料仓的过渡型火箭。尽管这枚火箭还不足以用来飞往月球，但已足够将阿波罗推出地球束缚。虽然服务舱的发动机运行的并不流畅，太空舱的返回动作也不甚完美，但无论如何阿波罗还是安全地返回了地球。这次任务被命名为阿波罗-土星201（AS-201）。1966年又进行了另外两次土星1B号的无人飞行，用于测试各项系统功能，其中就包括在太空中重新启动上面级的液氢燃料发动机的测试。

强大的土星5号火箭在1967年11月9日启动了它的第一次飞行，这次飞行被命名为阿波罗-土星501（AS-501），它也常常被称作阿波罗4号。这次飞行看上去一切正常，但其后1968年4月的一次无人飞行（AS-502或称阿波罗6号）却使NASA阵脚大乱。土星5号在这次飞行过程中经历了多次剧烈的震动，同时多个发动机失效，装有阿波罗组件的上面级受损严重。而这一次让人不愉快的发射又恰巧发生在一起骇人听闻的悲剧之后，在NASA上下仍极度惊骇的时刻。

阿波罗任务AS-204本应是指令舱与服务舱的第一次载人测试。1967年1月27日，宇航员加斯·格里森、埃德·怀特和罗杰·查菲钻进了指令舱执行常规的倒数演练，此时的土星号甚至还没有添加任何燃料，但一场爆炸却发生了。

> **而这一次让人不愉快的发射又恰巧发生在一起骇人听闻的悲剧之后，在NASA上下仍极度惊骇的时刻。**

任务成员

指挥官
维尔吉尔·加斯·格里森

出生于1926年4月3日，印第安纳州。格里森作为原来水星7号的宇航员加入NASA。由于他之前乘坐双子星3号进行过太空飞行，这也使他成为第一个在太空中飞行过两次的宇航员。在格里森牺牲的时候，他已经晋升为一名美国空军中校，飞行总长也达到了4600小时。

资深驾驶员
埃德·怀特

怀特最初追随父亲的脚步加入了美国空军。在1962年加入NASA前，他已经获得了航空工程专业的硕士学位。他生于1930年11月4日，得克萨斯州。在1965年的双子星4号任务中，他成为第一个完成太空行走的美国人。在返回地球的时候，他曾经说道："这是我这辈子最忧伤的时刻。"

驾驶员
罗杰·查菲

查菲生于1935年2月15日，密西根州。他作为第3组后备宇航员中的一员，于1965年加入NASA。尽管他并没有在双子星任务当中获得出场机会，但他却与阿波罗1号的另一位宇航员加斯·格里森搭档，驾驶着追逐机跟随执行无人任务的土星1B号火箭，为其拍摄照片。

替补成员
指挥官
托马斯·斯塔福德

替补成员
指令舱驾驶员
约翰·扬

替补成员
登月舱驾驶员
尤金·塞尔南

（右图）阿波罗1号的成员们正在练习如何从指令仓脱离出并登上救生筏。

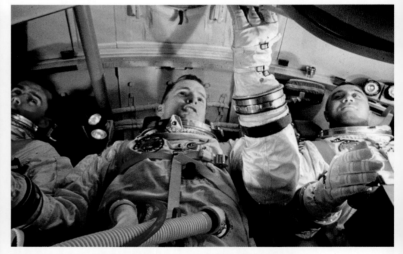

（上图）（从左到右）查菲、怀特和格里森正在指令舱中接受训练。

（左图）吊车正将毁于大火的阿波罗1号指令舱放下来。

（上图）在安装到土星1B号上端进行发射之前的阿波罗1号。

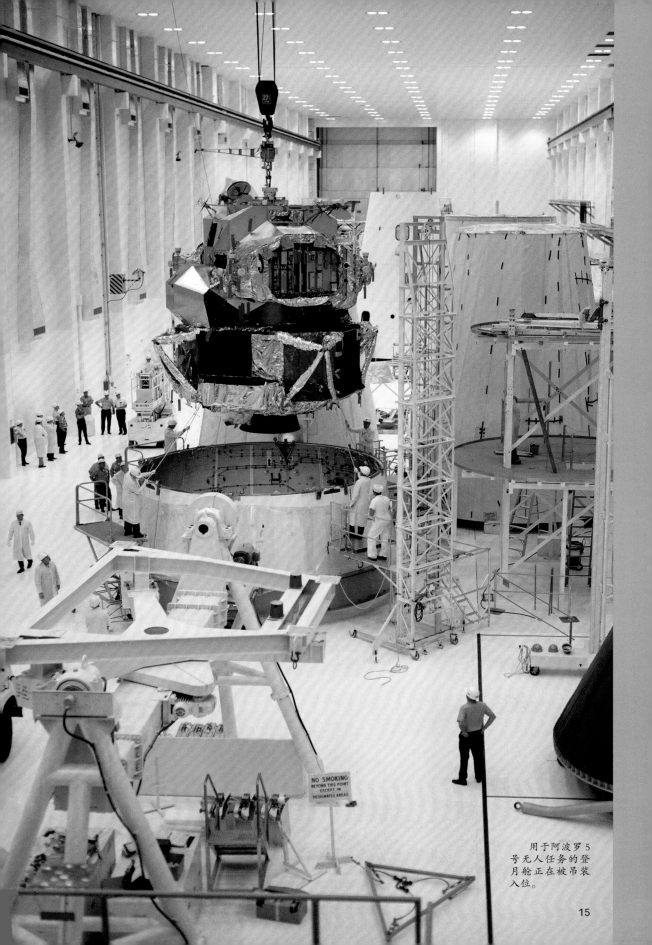

用于阿波罗 5
号无人任务的登
月舱正在被吊装
入位。

任务时间线

1966 年 2 月 26 日：AS-201

土星 1B 号和阿波罗指令舱、服务舱的第一次无人、亚轨道试飞。服务舱的发动机只正常工作了 80 秒，电路系统的故障导致指令舱在重入大气层时失去控制，整个飞行过程持续了 37 分钟。

1966 年 7 月 5 日：AS-203

只包括土星 1B 号本体的一次无人飞行，这次飞行的主旨是为未来的阿波罗任务对火箭进行测试。这枚火箭在完成了这项测试目标以及其他一些目标后，在第 4 次环绕轨道进行更进一步的测试时发生爆炸。

1966 年 8 月 25 日：AS-202

这一次测试原定是作为阿波罗-土星捆绑测试的第二次测试，但由于指令舱的原因，发射时间被推迟了。AS-202 是第二次土星 1B 号与阿波罗指令服务舱一起的无人试飞。相较 AS-201，火箭将飞至更高的轨道，飞行过程持续时间也是之前的两倍。这次试飞成功后，下一步就是将活人送入太空轨道。

1967 年 1 月 27 日：AS-204/ 阿波罗 1 号

作为阿波罗计划的第一次载人飞行，所有人都饱含期待。但是，在一次发射台的例行测试中却发生大火，悲剧发生，3 名宇航员丧生。

1967 年 11 月 9 日：阿波罗 4 号

这是举世闻名的土星 5 号火箭的第一次飞行。火箭的各级以及航天器在首飞中均充分发挥出了它们的性能。这在 NASA 也是头一遭。在完成了所有测试并达成既定目标后，NASA 认为这次任务取得了完全的成功。

1968 年 1 月 22 日：阿波罗 5 号

阿波罗登月舱的首次无人飞行，在太空中进行登月舱的上升级和下降级发动机测试。NASA 坚称这次任务是成功的，尽管舱上计算机在仅仅 4 秒后就中止了原定的下降级发动机燃烧 39 秒的计划。

1968 年 4 月 4 日：阿波罗 6 号

最后一次无人阿波罗试飞，除了其他目标，还要测试指令舱的防热罩是否足以应对从月球返回再重入大气层时产生的热量。尽管由于强烈的抖动火箭出现了点火油路破裂的问题，NASA 还是非常有信心地将土星 5 号定级为可载人级火箭。这次无人飞行持续了 9 小时 57 分钟。

（上图）阿波罗 7 号的成员施艾拉（左）和康宁翰出现在 1968 年 1 月的无载人阿波罗 5 号发射现场。

> **当发射台技术人员将阿波罗厚重的舱门锁紧，宇航员被封死在里面的时候，所有人的情绪都极度紧张。**

当查菲爬进指令舱时，他抱怨指令舱里有一股酸奶的味道。紧接着，无线电里便传出嘈杂的干扰声。接着格里森大喊："该死的，如果我们在地上都没有办法联系到控制中心，到了太空又怎么去联系他们？"当发射台技术人员将阿波罗厚重的舱门锁紧，宇航员被封死在里面的时候，所有人的情绪都极度紧张。

悲剧发生

测试已经进行了 5 个小时，格里森变得失真的声音从噼噼啪啪响着的无线电通道传来，"舱里着火了。"几秒后，另一个声音，或许来自怀特，更加急迫地喊道："嘿，我们这里着起来了！"紧接着传来一阵痛苦的嚎叫。之后，无线电里除了静电的嘶嘶声，一片死寂。

发射台上的工作人员都聚拢在高高的吊架上面，拼尽全力试图救出宇航员。但浓烟难以穿透，温度又是如此之高。最终他们用了 4 分钟才将舱门打开。但这时，3 名宇航员已经牺牲。载人阿波罗项目也因此在国会调查 NASA 期间被无限推迟。

尽管每个人都尽心尽力，但在指令舱这个纯氧环境内的若干起火隐患在之前确实是被忽视了。这些隐患当中就包括最有可能引起这次火灾的接线错误。

由于这次火灾，阿波罗计划面临经费缩减甚至被取消的极大压力。肯尼迪总统已然逝去，他的继任者林登·约翰逊正全神贯注在越南的战事上面。很多人都认为，现在将人类送上月球这件事已经不如 1961 年那时重要了。

尚未退赛

在 NASA 忙着修理土星 5 号的时候，阿波罗太空舱也被重新设计。1968 年 1 月，一颗土星 1B 号火箭载着一台无人登月舱升空，以进行一些基本测试，这一次的任务被命名为阿波罗 5 号。3 个月后，土星 5 号终于做好发射准备。阿波罗的最后一次无人任务——阿波罗 6 号，也终于得以启动。与此同时，3 名牺牲了的宇航员的太太们敦促 NASA 将那次悲伤的任务重新命名为阿波罗 1 号，以向英雄们表示敬意，而这也就是阿波罗计划编号系统之所以奇怪的原因。

（右图）阿波罗 6 号于 1968 年 4 月 4 日发射升空，这是阿波罗计划的最后一次无人试飞。

（下图）这张阿波罗 6 号发射的照片来自于追逐机。

任务徽章

在构思阿波罗的第一个任务徽章的时候，其出发点是该任务将是阿波罗计划中第一个飞入轨道的任务。这个徽章完全是由这次任务的成员们设计的，他们的灵感来自于双子星 4 号那著名的带有美国国旗的任务徽章。这个徽章没有不易燃的版本。这些不易燃的徽章都是在这次吞噬了 3 名宇航员的大火之后才被制作出来的。1969 年，当阿姆斯特朗和奥尔德林登上月球时，他们将这枚徽章留在了月球上。

（上图）阿波罗 6 号试飞时控制中心内的情景。

（左图）脱落后的阿波罗 6 号的中间级。

阿波罗7号

阿波罗 1 号的灾难使得
形势十分紧张，第一次载人
火箭就在这时从肯尼迪太空
中心发射升空

1968 年 10 月 11 日

阿波罗 7 号

阿波罗的第一次载人任务帮助 NASA 重回正轨

任务概要

目标：这次任务的主要目的是在地球轨道上测试指令舱和服务舱，宇航员们第一次在美国的航天器上完成了电视直播。

任务时长：10 天 20 小时 9 分钟 3 秒。

KEEP THOSE
CARDS AND LETTERS
COMING &
FOLKS

充满争议的电
视直播终于在任务
开始后的第 4 天开
播了。

由于阿波罗 1 号的劫难，能帮助 NASA 重拾民众信任的最好方法就是成功地完成一次载人航天飞行。1968 年 10 月 11 日，阿波罗 7 号终于携带着一组宇航员到达地球轨道。唐·艾斯利，沃尔特·康宁翰以及指挥官瓦利·施艾拉的任务就是要证明在阿波罗 1 号的惨剧之后，重新设计的太空舱能够在太空中实现其各个功能。同时，这次任务还包括火箭 S-IVB 级的点火测试。火箭 S-IVB 级在未来的任务中将担负着把阿波罗太空舱以及登月舱从地球轨道推向月球的任务。

在成功将阿波罗 7 号火箭推至更高轨道后，指令舱与火箭 S-IVB 级脱离、翻转并进行了多次模拟对接动作。最后，指令仓又多次启动发动机，以确保未来可以搭载宇航员在月球轨道飞行，并能够带着他们加速脱离月球轨道重返地球。

出错了

尽管任务看上去一切正常，阿波罗 7 号理应被人们庆贺，但当 11 天后宇航员们终于结束了太空飞行回到家后，他们收到的却是来自高层长官私底下的严厉批评。他们中没有一位能够再次飞入太空。艾斯利和康宁翰都是第一次太空航行，施艾拉则是一位经验丰富的宇航员。他曾经驾驶过水星号和双子星号太空舱，他也认为自己比其他人更清楚如何驾驶太空舱。

> 66 当 11 天后宇航员们终于结束了太空飞行回到家后，他们收到的却是来自高层长官私底下的严厉批评。他们中没有一位能够再次飞入太空。 99

航行开始的第一天，当施艾拉决定推迟电视实况直播时，摩擦便在宇航员们与控制中心之间产生了。"我们开的可是一架崭新的航天器。我们决定推迟电视直播，而且不再跟你们讨论这件事。"他在太空患上了严重的鼻伤风。没多久，康宁翰和艾斯利也染上了同样的毛病。正因为如此，他们的脾气变得极为暴躁。"我才是这次任务的指挥官，我要照我自己的办法做"，施艾拉对已大为惊讶的地面控制说。有一次在公开无线电频道中，他抱怨某个硬件的测试简直就像是"被一个笨蛋完成的，思路不清，准备不足。"

任务成员

指挥官
沃尔特·施艾拉

施艾拉是最早被征召进 NASA 的宇航员之一。他生于 1923 年 3 月 12 日，新泽西州。1959 年，他成为一名宇航员。在 1962 年 10 月他成为第 5 个飞入太空的美国人。3 年之后，他指挥了双子星 6 号太空舱。1969 年离开 NASA 后，施艾拉开始了成功的商业生涯。他于 2007 年 84 岁高龄时去世。

指令舱驾驶员
唐·艾斯利

唐·艾斯利生于 1930 年 6 月 23 日，俄亥俄州哥伦布市。在 1963 年他加入 NASA 之前，作为美国空军飞行员的他已飞行了超过 4200 小时。在阿波罗 10 号项目中，他被选为替补指令舱驾驶员。但 1972 年 7 月他因为担任驻泰国的美国和平工作团的团长而离开了太空计划。再之后，他成为一名商人。他于 1987 年 12 月 2 日去世，享年 57 岁。

登月舱驾驶员
沃尔特·康宁翰

罗纳德·沃尔特·康宁翰生于 1932 年 3 月 16 日，爱荷华州。1963 年他作为第二名平民宇航员加入 NASA，之前是一名科学家。1971 年他离开 NASA 进入哈佛商学院学习深造。1977 年他撰写《全美国男孩》一书，记述了他作为宇航员的那些时光。直到现在，他仍在为太空探索笔耕不辍。

替补成员
指挥官
托马斯·斯塔福德

替补成员
指令舱驾驶员
约翰·扬

替补成员
登月舱驾驶员
尤金·塞尔南

（右图）土星1B号火箭冲向天空。在任务开始的第一天，此时的它正位于大西洋上方的10千米高空。

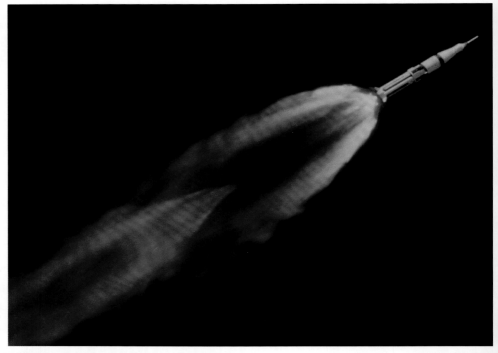

（下图）远在距地面210千米的太空中，从阿波罗7号上可以看到巍峨的珠穆朗玛峰和地球上其他的一些地貌。

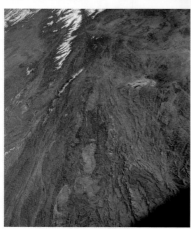

（上图）阿波罗计划从新的角度向人们展示了地球的景色。

（上图）宇航员有幸在执行任务的过程中见到许多壮美的景色，其中就包括在大西洋中倒映着的朝阳。

航天器正行至佛罗里达海岸线上空。S-IVB级在这次航行中起到关键作用，对它的功能测试也是这次任务的重要目标之一。

（上图）任务进行到第 9 天，刚毅、坚定的沃尔特·施艾拉望向太空。

> 66 施艾拉仍旧不服从控制中心的命令。控制中心告诉他："那是你的脖子，我希望你不会把他折断。" 99

直播开始

当任务进行到第 4 天，摄像机终于打开，第一幅实况图像从绕地飞行的美国航天器上传送出来。尽管宇航员们不停地抱怨 NASA 在公众宣传方面做得太多，紧急飞行系统检查却做得太少，但最后还是坚持完成了 6 段电视直播。NASA 的管理者们在这个问题上则有不同的见解。他们坚持认为美国的纳税人一定要看到运行中的阿波罗。而这绝不是宇航员们与 NASA 之间因在公众问题上见解不同而发生的最后一次争执。

双方最激烈的争执在当时都被遮掩过去，宇航员们在广播时极尽所能地表现。大众看到的是他们带着笑，举起写着"来自遥远太空的阿波罗操作室里的问候"和"继续给我们发祝福和卡片吧，伙计们"时高兴的面容。他们还向大家展示了太空食品，并透过窗拍摄了太空舱下方旋转着的地球。

当阿波罗 7 号准备返回大气层时，施艾拉宣布他和他的队员将不

会再戴宇航服上的头盔。他们解释说之所以这样做，是因为他们想要自由自在地擤鼻子。控制中心不同意他们的做法，并警告施艾拉："你最好琢磨一下落地以后如何解释你们没戴头盔的详细原因。"但施艾拉仍旧不服从控制中心的命令。控制中心告诉他："那是你的脖子，我希望你不会把他折断。"

继续前行

直到 2008 年 10 月，这次任务已经结束了 40 年后，NASA 才为阿波罗 7 号的成员颁发了杰出服务勋章。这一项荣誉对于其他的阿波罗成员都是自动授予。但直到多年以后，施艾拉、艾斯利和康宁翰才无可非议地被当局承认他们对航天器的测试是如此至关重要。

阿波罗 7 号任务显示出航天器已经可以用来应对未来艰巨的挑战。NASA 也通过这次任务认识到要想顺利达成阿波罗计划的最终目标，就需要地面团队与宇航员们建立更深一层的信任、尊重与理解的关系。

（上图）阿波罗7号的着陆极为精准，实际着陆点仅偏离预定位置2千米。

（右图）美国海军将阿波罗7号吊到埃塞克斯号回收舰上。

任务徽章

起初，阿波罗7号的成员们想在徽章上表达继阿波罗1号之后"烈火重生"之意。在这个最开始的设计里，航天器是从一团火球中起飞，由于担心NASA会笑话他们品位太差，最后他们放弃了这个设计。在新的设计中，航天器后面喷出的火球实际上仍旧隐含了"浴火凤凰"这个主题。

（上图）时任美国总统约翰逊向成员组表示祝贺，但直到40年后，成员们的努力才得到了官方承认。

（左图）尽管任务或许可以看作是成功了，但NASA不得不去调解宇航员和地面工作人员之间的纠纷。

肯尼迪太空中心的新闻中心
为新闻记者和电视摄像机提供了
绝佳的观景地点。

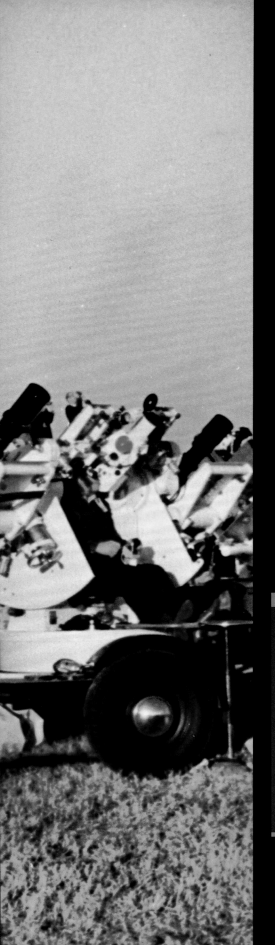

1968 年 12 月 21 日

阿波罗 8 号

第二次载人阿波罗任务旨在飞向月球

任务概要

目标：阿波罗 8 号的任务就是要绕月飞行。宇航员们将要测试进入地月转移轨道时的射入动作，以及航天器上所搭载的为未来绕月飞行所准备的其他系统。他们也将是第一次利用土星号 5 火箭实现载人飞行的宇航员。

任务时长：6 天 3 小时 42 秒。
指令舱型号：CM103。

土星 5 号的第一次载人飞
行的发射场上，轰鸣声中的一
群飞鸟。

阿波罗 7 号显示了太空舱已经为月球之行做好准备。但土星 5 号这边的情况却截然不同，尤其是考虑到它在未载人测试项目中所暴露出的那许许多多令人担忧的缺陷。然而，1968 年末，阿波罗计划的项目经理们却做出了一个令人难以置信的决定。下一次土星 5 起飞的时候，其上将搭载一队宇航员，并将他们直接送往月球。当 NASA 局长詹姆斯·韦伯听到这一计划时，他勃然大怒："你们疯了吗？你们正将 NASA 以及整个阿波罗计划置于危险之中！"

虽然韦伯的担忧不无道理，但是来自秘密情报网的数据却说服了他的继任者汤姆·佩恩，他确定值得冒这个险并将尽快实现载人发射。这时，距离约翰·肯尼迪那著名的"到这个 10 年结束前"登月誓言里所指的截止日期仅剩下 20 个月，而苏联人看起来也并没有放弃。尽管他们在那巨大的 N–1 登月推进器的研发方面进展迟缓，但另一枚尺寸较小的光子号火箭看起来却很有竞争力。也因此就存在着由这枚火箭携带一枚特别改装的单座联盟号航天器在 1969 年之前绕月的可能性。如果苏联的一名勇敢的宇航员在阿波罗号之前乘坐光子 – 联盟号实现了绕月飞行，全世界就将会在斯普尼克和尤里·加加林后再一次见证苏联的胜利。

1968 年 9 月 14 日，苏联发射了一枚无人太空舱。它成功绕月飞行并安然返回地球。但在幕后，苏联在航天方面的工作实际上却非常混乱，可是 NASA 在当时对此却无从得知。阿波罗计划的工作人员都认为他们依然身处一场残酷的太空竞赛中。也正因为如此，这时唯一的选择就是将土星 5 号尽快用于登月任务。外形酷似蜘蛛的阿波罗登月舱在这个时候尚未完成，阿波罗 8 号只好在没有登月舱的情况下进行发射。

一系列密集的地面测试证实了重新设计的为土星 5 号发动机输送燃料的管道可以去除之前影响近期大部分飞行测试的震动问题，但即使这样，下一次土星 5 号发射要进行载人飞行仍将冒着极大的风险。

> 66 外形酷似蜘蛛的阿波罗登月舱在这个时候尚未完成，阿波罗 8 号只好在没有登月舱的情况下进行发射。 99

任务成员

指挥官
弗兰克·伯曼

1928 年 3 月 14 日，伯曼出生于印第安纳州，他于 1962 年加入 NASA。除了他最著名的一次飞行——阿波罗 8 号外，他还曾在 1965 年 12 月指挥控制双子星 7 号。在 1967 年发生的阿波罗 1 号起火事件以后，伯曼是帮助 NASA 恢复声誉的关键人物。1970 年，他离开 NASA，成为美国东方航空公司的首席执行官。

指令舱驾驶员
詹姆斯·罗威尔

罗威尔于 1928 年 3 月 25 日生于俄亥俄州，1962 年他加入 NASA。1965 年他曾与弗兰克·柏曼一起驾驶双子星 7 号，其后又与巴兹·奥尔德林一同驾驶双子星 12 号。1970 年 4 月，他指挥阿波罗 13 号回到了地球。

登月舱驾驶员
威廉·安德斯

安德斯是一名核能工程师，1933 年 10 月 17 日出生于中国香港，在 1964 年加入 NASA。他曾担任阿波罗 8 号的登月舱驾驶员，但因为阿波罗 8 号不带登月舱，他并没有真正驾驶任何太空舱。1969 年，安德斯离开 NASA，在美国原子能委员会担任高级职务。

替补成员
指挥官
尼尔·阿姆斯特朗

替补成员
指令舱驾驶员
爱德文·巴兹·奥尔德林

替补成员
登月舱驾驶员
弗莱德·海思

当阿波罗 8 号驶向未知的太空时，控制中心内的气氛同样紧张异常。

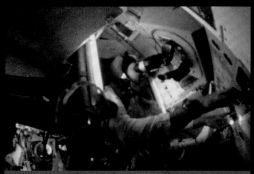

为了测试太空舱上搭载的 16 毫米摄像机，罗维尔正准备拍下即将出现在他们面前的景色。

之前人类从未见过的部分月面有着直径巨大的奇特的陨石坑。

这次任务的成员成为第一批飞掠月球背面的人。

阿波罗8号的宇航员们成为第一批见证地球从月球天际线上升起的人。

任务时间线

1968 年 12 月 21 日

格林尼治时间 12:51:00，发射台上的管线以及固定用机械臂准时被松开。顶端搭载着阿波罗 8 号的土星 5 号火箭起飞，开启了它完美的上升阶段。

12 月 21 日：起飞后 11 分钟

土星 5 号火箭的第三级（S-IVB 级）的发动机关闭，阿波罗 8 号进入地球轨道。

12 月 21 日：起飞后 2 小时 27 分钟

指令仓宇航通信员迈克尔·柯林斯（他将在阿波罗 11 号任务中为人所知）向宇航员们发出了具有历史性的命令："好的，阿波罗 8 号，准许进入地月转移轨道。"

12 月 21 日：起飞后 2 小时 50 分钟

第三级发动机再次点燃，将阿波罗 8 号从地球轨道转向月球。

12 月 24 日：起飞后 68 小时 58 分钟

当任务刚刚进行到两天半的时候，阿波罗 8 号消失在月球距我们较远的另一侧。无线电通信也出现了短暂的失联。10 分钟 14 秒之后，阿波罗 8 号服务舱的发动机持续工作了 4 分钟，将航天器减速，驶入月球轨道。

12 月 25 日：起飞后 89 小时 19 分钟

差不多一整天之后，在环绕月球 10 圈之后，阿波罗 8 号再次点火脱离月球轨道，准备向喜迎他们回归的地球飞去。

12 月 25 日：

来自航天器的圣诞广播将地球上的人们团结在一起，共同庆祝这辉煌的一刻。宇航员们诵读了《创世记》上的诗篇。

12 月 27 日：起飞后 147 小时

在经历了 147 小时 42 秒的飞行后，阿波罗 8 号降落在大西洋的一片波涛当中。降落伞拽着太空舱上下起伏，舱顶安装的浮漂最后终于转正了方向。队员们一个个都已晕船，但好在除此之外大家都别无大恙。

（上图）广受欢迎的主持人沃尔特·克朗凯特正在肯尼迪太空中心准备阿波罗 8 号发射的现场播报。

> **“** 当他们发现仅用大拇指就可以将地球挡在各自的视线之外时，两人心中都产生了不安的情绪。**”**

到达月球的第一人

1968 年 12 月 21 日，阿波罗 8 号踏上了它传奇的旅程。这次任务的指挥棒交给了弗兰克·伯曼，一位极聪明并且为太空舱设计提供过帮助的宇航员。伯曼与国会之间的紧密关系又使他得以在太空项目处于低谷时，将对项目并不热衷的政客也拉到 NASA 一边。他的组员包括了未来将要驾驶命途多舛的阿波罗 13 号的詹姆斯·罗维尔和威廉·安德斯。

阿波罗 8 号是第一个载人离开地球驶向另一个世界的航天器。任务开始后的第二天，当航天器远离地球 77000 千米的时候，宇航员们传回了第一幅电视画面。在画面中，地球被一片黑暗所包围。尽管地球看上去只是一个白色的光斑，但那画面仍让人的心灵受到震撼。

伯曼既是一名经验丰富的宇航员，又可以作为一名严厉的指挥官与队员融洽相处。他曾经要求队员们专注于各自的仪器："我不想见到你们往窗外看。"但当伯曼没有盯着他们的时候，罗维尔和安德斯都偷偷瞄向了渐行渐远的地球。当他们发现仅用大拇指就可以将地球挡在各自的视线之外时，两人心中都产生了不安的情绪。

1968 年的圣诞节，全世界的电视台都转播了来自阿波罗 8 号的广播。在这次广播当中，宇航员们一同诵读了《创世记》中的文字。尽管这期节目无法取悦无神论者，但是大多数人对阿波罗计划所取得的成就都抱着欢迎的态度。

阿波罗 8 号为 NASA 带回了一些远比预期更为珍贵的东西。所有的报纸和期刊都刊登了地球从月球的天际线上升起的照片。人们开始感受到地球在宇宙中看上去是多么的孤独。安德森后来评论道："最初我们是去探索月球，但我们最重要的发现却是我们的地球。"

（右图）在航天器返航的途中，电视机前的观众得以看到这样一张地球的图像。

（下图）阿波罗8号重入大气层的一刻被安装在一架飞机上的跟踪相机抓拍到。

任务徽章

宇航员詹姆斯·罗威尔自己就是一位很不错的艺术家。他的草稿中绘制了一位飞向休斯敦的人。当他将草稿交给 NASA 的设计团队后，这个团队完成了最终设计。图中"8"的形状不仅代表了这次任务的编号，同时也代表了他们出发、绕月、返航的航线。

（上图）着陆后，一块巨大的庆祝蛋糕呈现在宇航员们的面前。

（左图）直到凌晨2点，还有超过2000人在埃灵顿美国空军基地等待迎接宇航员们的归来。

一枚巨大的土星5号火
箭正被运往发射台准备发射。

1969 年 3 月 3 日

阿波罗 9 号

登月舱在地球轨道上完成了首秀

任务概要

目标：任务的主要目的是测试指令舱与登月舱之间的对接与脱离的功能。宇航员们也将进行登月舱的第一次载人飞行，并测试其作为自给自足航天器的能力。

任务时长：10 天 1 小时 54 秒。
指令舱名：橡皮软糖。
登月舱名：蜘蛛。

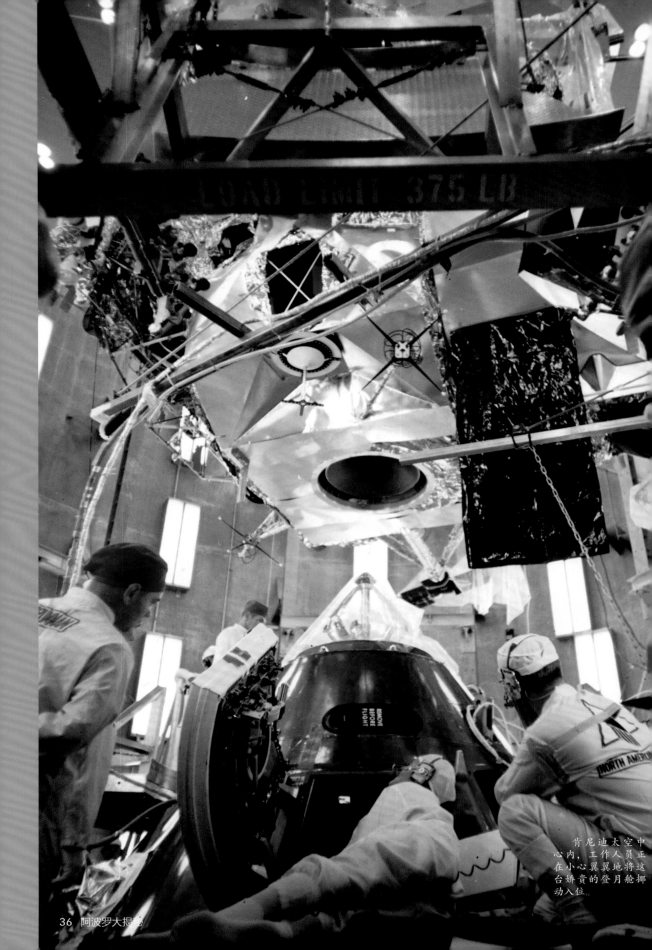

LOAD LIMIT 375 LB

肯尼迪太空中心内，工作人员正在小心翼翼地将这台娇贵的登月舱挪动入位。

1968 年圣诞节期间，阿波罗 8 号绕月飞行的壮举震惊了全世界，但是，有两个问题仍然悬而未决：其一是如何将人类送上月球表面，其二是如何把他们安然带回地球。能够一举解决这两个问题的答案就依赖于那长得像蜘蛛一样的登月舱。可是格鲁门公司的工程师们没能将它准时交付。但这也不能怨他们，毕竟要想制作登月舱这样的全新设备，所需要的技术绝对是前所未有且难度极高的。

阿波罗 9 号的任务就是要在相对安全的地球轨道测试登月舱的性能。詹姆斯·麦克迪维特是本次航行的指挥官，大卫·斯科特负责驾驶指令舱，拉塞尔·施维科特则被任命为登月舱的驾驶员。NASA 的每个人都在祈祷这次飞行能够一切顺利。肯尼迪总统那著名的"在这 10 年结束前"将人类送上月球的截止日期即将到来。如果这次登月舱有任何闪失，那么可供格鲁门公司修复设备的时间将少得可怜。

1969 年 3 月 3 日，在经过平稳的起飞阶段并驶入地球轨道之后，从土星 5 号火箭上面级释放这台叫作蜘蛛的登月舱的时间终于到了。斯科特将外号橡皮软糖的指令舱翻转了 180 度，使其对准位于蜘蛛舱顶位置的圆形对接舱门。但是指令舱的推进器却貌似不能正常工作。

但作为双子星 8 号的老宇航员，斯科特上次和尼尔·阿姆斯特朗就遇到过推进器被锁死在"打开"状态、航天器飞速旋转不受控险些丢掉了性命的情况。现在，他害怕同样的推进器问题会再次降临到阿波罗 9 号身上。所幸的是，控制中心很快发现原来是起飞时的冲击导致推进器上的阀门被暂时关闭。麦克迪维特重新扳动了一遍控制开关便解决了这个问题。

> ❝ 如果这次登月舱有任何闪失，那么可供格鲁门公司修复设备的时间将少得可怜。❞

任务成员

指挥官
詹姆斯·麦克迪维特

麦克迪维特生于 1929 年 6 月 10 日，伊利诺伊州，芝加哥。在 1962 年加入 NASA 之前，他在越南的战事中已执行了 145 次飞行任务。他是 1965 年双子星 4 号航天器的指挥官。1969 年他成为阿波罗项目的总经理。1972 年离开 NASA 后，他开始涉足商业领域。

指令舱驾驶员
大卫·斯科特

斯科特是一位土生土长的美国人，他生于 1932 年 6 月 6 日。1963 年加入 NASA 前曾任美国空军试飞员。在 1966 年 3 月的双子星 8 号的任务中，他和指挥官尼尔·阿姆斯特朗克服了航天器极为严重的控制问题，成功完成任务。斯科特之后还担任阿波罗 15 号的指挥官，并亲自登上了月球。现在，他在多部好莱坞电影中担当顾问一职。

登月舱驾驶员
拉塞尔·施维科特

1963 年加入 NASA 前，施维科特曾是一名航空工程专业的学生。他生于 1935 年 10 月 25 日，新泽西州的尼普顿。阿波罗 9 号是他的唯一一次飞行。之后，他作为创办人组建了空间探索者协会，一个由各国宇航员组成的协会。

替补成员
指挥官
查尔斯·皮特·康拉德

替补成员
指令舱驾驶员
理查德·高登

替补成员
登月舱驾驶员
阿伦·比恩

　　宇航员向等待中的航天器走去，迈出他们在地面的最后几步。

　　在一片烟雾中，阿波罗9号从发射台起飞，开始了飞向宇宙的旅程。

　　控制中心也是50多名地面工作人员的"家"，他们夜以继日地工作以保障任务顺利进行。

　　宇航员们正在测试新研发的电视摄像机，这台摄像机将被用于拍摄月球。

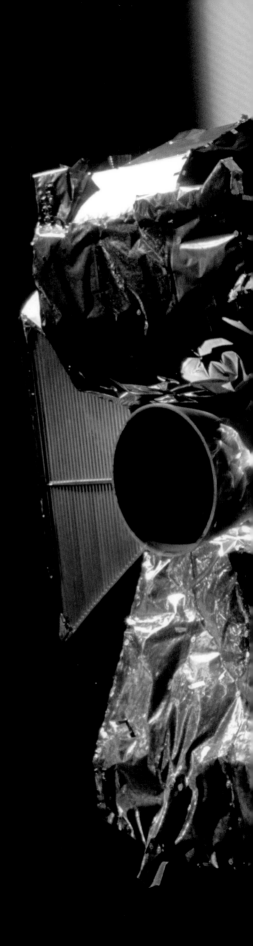

阿波罗9号

在地球轨道上，登月舱开始了它这次先驱性的任务中上升阶段的飞行。

任务时间线

1969 年 3 月 3 日

格林尼治时间 16:00，发射台准时释放土星 5 号火箭。阿波罗 9 号从发射台上起飞，开始平稳上升。仅仅 11 分钟 4 秒之后，航天器便已进入地球轨道。

3 月 3 日：起飞后 3 小时 1 分钟

阿波罗 9 号的指令舱橡皮软糖，在太空中与登月舱蜘蛛实现了第一次太空对接。一小时后，在认真地完成了各项系统检查后，橡皮软糖将蜘蛛脱离土星 5 号的上面级。

3 月 6 日：起飞后 73 小时 7 分钟

任务进入到第三天。登月舱驾驶员拉塞尔·施维科特开始太空行走，练习如何穿着笨重的宇航服钻进钻进登月舱的前舱门。

3 月 7 日：起飞后 92 小时 39 分钟

任务开始 3 天半以后，搭载着麦克迪维特和施维科特的蜘蛛从橡皮软糖上脱离，开始执行一系列单独飞行的复杂动作，这其中就包括了 7 次轨道调整、抛弃下降级、启动上升级发动机等。

3 月 7 日：起飞后 99 小时 2 分钟

两太空舱成功对接。蜘蛛上的宇航员们返回指令舱。

3 月 7 日：起飞后 101 小时 22 分钟

蜘蛛抛弃上升级，橡皮软糖开始独自执行后续任务。接下来的 5 天里，阿波罗 9 号的成员对地球进行了科学观测并对指令舱的主发动机进行了更进一步的测试。

3 月 13 日：起飞后 240 小时 31 分钟

进入太空已经 10 天，橡皮软糖后端的服务推进系统指向前进方向，在重入大气层前最后一次启动，以降低飞行速度。

3 月 13 日：起飞后 241 小时 1 分钟

橡皮软糖降落在大西洋离回收舰 USS 瓜达康奈尔约 5 千米的地方，肉眼完全可见。

（上图）在任务执行的第一天，蜘蛛登月舱仍旧搭载在土星 5 号运载火箭上，在太空中航行。

> **他们想在重返地面前，静静感受独处太空的那份情感体验。**

另一个让人不愿意看到的意外则跟人有关。当人们提到宇宙病时，几乎无法预言谁会发作，谁又不会发作。有的宇航员在地面测试的时候还呕吐不止，到了太空却状态良好，有的宇航员在地面可以通过大夫各种严苛的检查，一旦上了轨道却又吐得昏天黑地。阿波罗 8 号上那位严厉的指挥官弗兰克·柏曼，在那次飞行当中就患上了令他极为头疼的宇宙病。而这一回轮到施维科特成为患上宇宙病的倒霉蛋。他在太空中呕吐了两次，这无论对他还是他的队员来说，都是让人十分不悦的体验。

还可以来次太空行走吗？

但问题在于，在第三天的原定计划中，施维科特需要完成一次太空行走。当时他正要测试当登月舱与指令仓由于任何原因无法对接时宇航员从登月舱转移至指令仓的步骤。控制中心允许施维科特转而完成一次难度较低的太空行走任务。这一次，他将从蜘蛛长方形的前舱门爬出，站到着陆器前腿上一个被称作"门廊"的小平台上。这样，就无须再进行漂浮到指令仓上的动作。斯科特这时正从橡皮软糖侧面的舱口探出头望向施维科特。两人互相为对方拍下了难忘的照片。

3 月 7 日，在航行的第 5 天，施维科特终于恢复了健康。他和麦克迪维特驾驶着蜘蛛完成了一次为时 6 小时的独立飞行。这台精密的机器证明了它能够完成登月所需的所有动作，以及在登月任务结束后最重要的与指令舱对接的动作。

即使顺利如此，当登月舱的上升级完成任务飞向斯科特身后，阳光终于在上升级一侧闪现出来时，斯科特才感觉如释重负。"你真是我见过的最大、最友善、长得最可笑的蜘蛛，"在无线电中他高兴地对同事们说道。但此时 NASA 的工作人员却没有预料到詹姆斯·麦克迪维特调整登月舱进行对接时，太阳将直射向他的双眼。

任务的最后 5 天主要用于进行对地球的观测以及科学实验。队员们在工作之余将橡皮软糖舱室内的灯光调暗，透过悬窗注视着地球和星星。他们想在重返地面前，在那些拨动开关的乏味声与推进器巨大的轰鸣排山倒海地袭来之前，静静感受独处太空的那份情感体验。

10日，也就是在轨的最后一天，麦克迪维特对斯科特说道："大卫，我太累了，这将是我的最后一次飞行。"斯科特表示全然理解。

在麦克迪维特2004年的自传《月球的两面》中，他写道："NASA让这些任务看起来特别容易，可是实际上它们却真的是很难、很难。"

任务徽章

这枚徽章中不同寻常地出现了3个航天器——指令舱、登月舱以及土星5号火箭。这表示同时采用所有3个航天器的阿波罗9号任务是一项"D级"任务。也因此，图中的字母"D"也被高亮指出。登月任务是"G级"任务——阿波罗9号标志着离最终目标（将人类送上月球）已经取得了巨大进展。

（上图）施维科特抓拍到站在指令舱舱口的斯科特。这时，地球恰好从斯科特脚下浮现出来。

（右图）直到太空舱在大西洋中"着陆"的一刻，任务才终于圆满完成。

（上图）阿波罗9号是NASA最后一枚降落在大西洋中的太空舱。此时它正停靠在距回收舰约5千米的地方。

（左图）施维科特、斯科特和麦克迪维特重返地球，人们以红毯盛情相迎。

史塔夫（左）和塞尔南（右）正在进行登舱前的最后准备。

1969 年 5 月 18 日

阿波罗 10 号

距离月球行走是如此之近，却又如此之远

任务概要

目标：作为阿波罗 11 号的一次"盛装排练"。宇航员们将测试指令舱及登月舱的方方面面。然而，它并不会真正地登上月球。

任务时长：8 天 23 分钟 23 秒。
指令舱名：查理·布朗。
登月舱名：史努比。

1969 年 5 月 18 日，阿波罗 10 号从肯尼迪太空中心的 B 发射台发射升空。

1969 年 5 月 18 日发射升空的阿波罗 10 号，是第一个携带登月舱前往月球的航天器，它的任务是要尽量接近月球表面但又不进行任何实质性的登陆。NASA 需要测试登月舱上升级在飞行当中紧急情况发生时的分离功能。NASA 不希望在"应急预案"没有完全预演好之前就进行任何实质性的登月行动。托马斯·史塔夫是这次任务的指挥官，约翰·扬负责驾驶指令舱查理·布朗，而尤金·塞尔南则负责驾驶登月舱史努比。

小问题还未等大戏开场便已跃然台上。5 月 22 日，阿波罗 10 号这时正运行在月球轨道上。史塔夫和塞尔南即将准备将史努比从查理·布朗上脱离，以驾驶它开启之后为时 8 个小时的独立飞行。但就在这时，他们却发现太空舱的对接口间绝缘圈已经松动，这使得两太空舱并没有对准，进而很可能使得两者之间的气封无法紧密接合。如果在接口处出现任何破损，太空舱在脱离之后将无法再次对接。

控制中心权衡利弊后认为这种风险出现的可能性很小，史努比终于得以出发。

> ❝ 阿波罗 10 号是要尽量接近月球表面但又不进行任何实质性的登陆。 ❞

两个半小时后，史努比以距月球表面 15.4 千米的距离完成了一次低空飞行。当静海在舱口中出现的那一瞬间，史塔夫和塞尔南都觉得自己仿佛伸出手就可以触摸到它。在查理·布朗的座位上，扬从舱口瞥到下方 120 千米外的史努比已经变成一个小点在月球上空高速飞行。

计算机问题

一切看起来运行正常，但当两小时后，在近距飞行快要结束，准备抛弃上升级的时候，史努比上的航天员们却突然发现自己的性命已危在旦夕。

任务成员

指挥官
托马斯·史塔夫

生于 1930 年 9 月 17 日的史塔夫在 1962 年加入 NASA 之前是一名美国空军飞行员。在阿波罗计划之前，他飞过两次双子星号任务。1975 年，他驾驶最后一架阿波罗航天器与苏联的联盟号飞船对接，标志着太空竞赛的结束。在其后的第二年，他离开 NASA，成为一名太空顾问。

指令舱驾驶员
约翰·扬

扬生于 1930 年 9 月 24 日的圣弗朗西斯科。他在佐治亚理工大学主修航空工程专业，并于 1952 年毕业。在他的履历当中，他曾分别两度参加双子星计划和阿波罗计划，随阿波罗 16 号登上过月球，两度指挥过航天器。他为 NASA 工作了 42 年，最终以 74 岁高龄从 NASA 退休。

登月舱驾驶员
尤金·塞尔南

生于 1934 年 3 月 14 日的塞尔南在普渡大学主修的是电气工程专业。1963 年他被选为宇航员。他曾是双子星 9 号的副驾驶、阿波罗 17 号的指挥官，以及最后一个登上月球的人。1976 年从 NASA 退休后，他开始追逐自己在商业方面的兴趣。

替补成员
指挥官
高登·库博

替补成员
指令舱驾驶员
唐·艾斯利

替补成员
登月舱驾驶员
埃德加·米歇尔

广阔的未知：登月舱在重新上升前距离月球表面仅有 16 千米之遥。

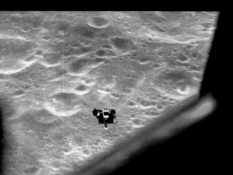

扬继续操控着查理·布朗在史塔夫和塞尔南驾驶的史努比上空 120 千米处航行。

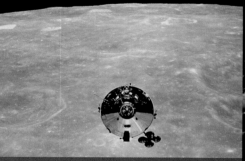

在这次盛装演习中，史塔夫和塞尔南已比任何前人更接近月球表面。

宇航员在距离地球 160934 千米处拍下了这张地球的照片——欧洲和非洲清晰地出现在照片当中。

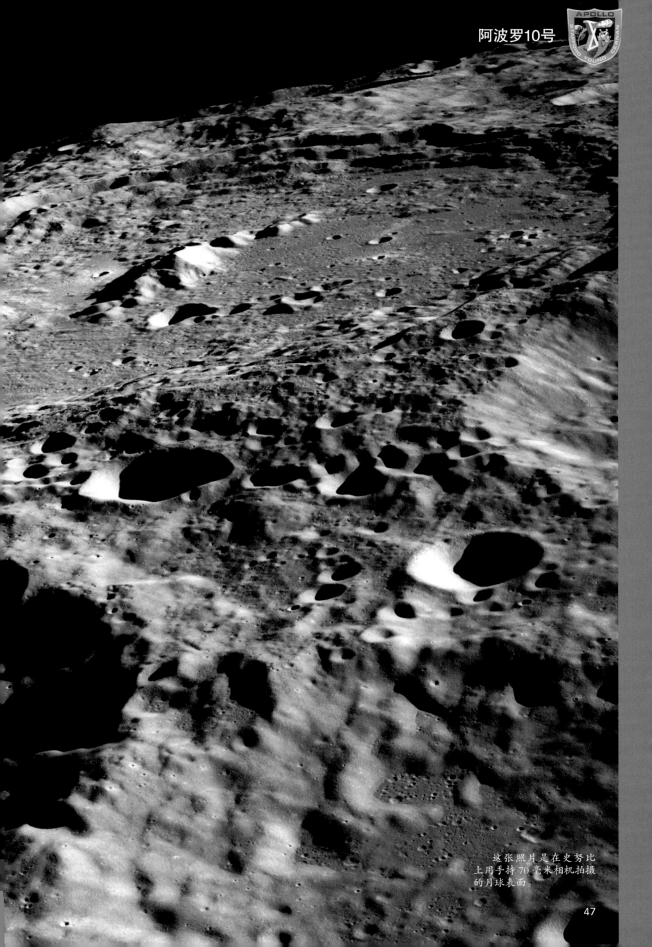

这张照片是在史努比上用手持70毫米相机拍摄的月球表面。

任务时间线

1969 年 5 月 18 日

格陵兰时间 16:49，起飞。阿波罗 10 号在 11 分钟 53 秒后到达地球轨道。

5 月 18 日：起飞后 2 小时 39 分钟

火箭的 S-IVB 级发动机重新启动，将阿波罗 10 号从地球轨道推向月球。

5 月 18 日：起飞后 3 小时 6 分钟

第一次来自太空的彩色电视转播展示了一颗蓝色的地球。

5 月 18 日：起飞后 3 小时 17 分钟

指令舱查理·布朗调转 180 度，与登月舱史努比对接，之后从 S-IVB 级推进器上脱离。

5 月 22 日：起飞后 80 小时 25 分钟

查理·布朗向前进方向启动了其上的服务推进系统的发动机，使月球的引力可以将这两台连接在一起的太空舱捕获到它的圆形轨道。

5 月 22 日：起飞后 98 小时 12 分钟

尽管有些担心对接口残留的绝缘材料碎屑会影响对接口的完整性，史努比还是完成了脱离，并开始了它独自的旅程。

5 月 22 日：起飞后 100 小时 41 分钟

史努比到达了它距月球最近的位置，离月面 16 千米高度。

5 月 22 日：起飞后 102 小时 45 分钟

史努比的下降级脱离后，上升级开始了令人恐惧的 3 分钟，不受控制的疯狂旋转，史塔夫和塞尔南最终重新控制了局面，尽管他们稍稍偏离了预定的轨道。

5 月 23 日：起飞后 106 小时 22 分钟

史努比上的计算机迅速补偿了太空舱的偏移，登月舱成功与查理·布朗对接。

5 月 26 日：起飞后 192 小时 3 分钟

查理·布朗在大西洋距回收舰 USS 普林斯顿约 5 千米的地方降落。

（上图）最紧张的一刻：任务进行第一天的控制中心。背景中，站在正中央的是飞行任务主任克里斯托弗·克拉夫特博士。

> 66 在接下来那紧张的 3 分钟里，航天员努力地将陀螺仪保持在安全工作范围之内，最终控制住了航天器。 99

登月舱的导航计算机此时正同时工作在两个"对立"的飞行模式下。其中一个飞行模式负责计算如何将登月舱安全下降至月球表面，另一个飞行模式则利用时刻指向天空的雷达监视着上方绕着月球旋转的指令舱的位置。这也正是阿波罗 10 号要测试的登月舱所应处在的一个工作状态。

登月舱下降级刚一脱离，上升级就开始不受控制地疯狂旋转起来。史努比的"电子大脑"完全混乱了，不再能够确定登月舱到底是在向上驶离月球还是向下接近月球。"混账东西！"塞尔南大声地咒骂。"我们遇到麻烦了！"史塔夫报告道。四周闪亮的警报灯告诉他们旋转过于剧烈，导航陀螺仪已经难以发挥作用。在接下来那紧张的 3 分钟里，航天员努力地将陀螺仪保持在安全工作范围之内，最终控制住了航天器。

当航天器的这一系列令人头晕目眩的动作终于结束，史塔夫和塞尔南发现上升级已经略微偏离预定的轨道。但是，舱上的计算机在这时却完美地矫正了这一偏差，一切再次恢复正常。查理·布朗也如预想一样重新出现在视野当中。登月舱与指令舱的对接口也在发出"当"的一声之后完美对接。

这次戏剧性场面出现的主要原因是登月舱上的一个开关被误拨了。由于舱内两名宇航员同时响应了控制中心所发出的命令，在互相没有察觉的情况下，一起拨动了一个本应只有一个人操作的开关。这就使得这个开关的状态实际并没有发生改变，也正因为如此，史努比的导航系统陷入了瘫痪。

请注意你的言辞

就在这时，在地球这一头的佛罗里达州，一名教士听到了塞尔南与地面通信时骂的"混账东西"。他向 NASA 写信，指责这名宇航员不当的措辞。在任务结束后，塞尔南向他道歉，并说道："在那短短的 10 秒里，月球的地平线在我的眼前就旋转了七八次，这种体验实在是太吓人了。"

NASA 的地面团队同样感受到了肩头的历史重担。阿波罗 10 号的任务已经结束。距离阿波罗 11 号起飞并完成将人类送上月球的挑战仅剩下 50 天。阿波罗 11 号的 3 位宇航员将以前所未有的姿态站在聚光灯下。这一次无论他们背负的压力有多大，他们都需要字斟句酌地表达他们自己的想法才行。

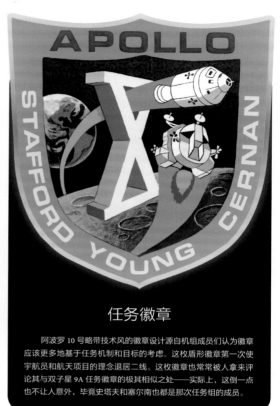

任务徽章

阿波罗 10 号略带技术风的徽章设计源自机组成员们认为徽章应该更多地基于任务机制和目标的考虑。这枚盾形徽章第一次使宇航员和航天项目的理念退居二线。这枚徽章也常常被人拿来评论其与双子星 9A 任务徽章的极其相似之处——实际上，这倒一点也不让人意外，毕竟史塔夫和塞尔南也都是那次任务组的成员。

（上图）查尔斯·舒尔茨的查理·布朗和史努比正在任务中心守护着和他们同名的太空舱执行任务。

（上图）降落：成员们等待着回收直升机把他们接走。

（左图）在这次任务成功后，阿波罗 10 号的成员们参加了佛罗里达州可可比奇的游行。

"这是个人的一小步，人类的一大步。"

1969 年 7 月 16 日

阿波罗
11 号

人类第一次迈进了
另一个世界

任务概要

目标：完成第一次载人登月。

任务时长：8 天 3 小时 18 分钟 35 秒。
月面驻留时间：21 小时 31 分钟 40 秒。
指令舱名：哥伦比亚。
登月舱名：老鹰。

我们起飞了！1969年7月16日美国东部夏季时间9点32分，阿波罗11号轰鸣着冲向天空。

假如阿波罗11号任务在执行过程中出现问题，又当如何？从1969年7月16日发射，再到8天后太空舱返回地球，在大部分时间里任务的进展都很完美。完美到我们甚至已经忘记了如果当时阿波罗11号没有成功，后果又将如何。

距离历史上最著名的一条总统誓言中所提到的那个"在这个10年结束前"所剩的时间已经不多了。7月20日，指令仓哥伦比亚以及登月舱老鹰已经到达月球轨道。尼尔·阿姆斯特朗和巴兹·奥尔德林已经驾驶登月舱完成脱离，开始他们前往月面的旅程。从这一刻起，只要他们在"亡者地带"那短暂的10秒范围外，其他任何时候都可以放弃行动返回哥伦比亚。

在下降过程中的最后3分钟里，有10秒的时间老鹰下降速度如此之快，导致它需要使用全部燃料才能克服太空舱下降时的冲量。如果在这10秒内出现任何一点问题，阿姆斯特朗和奥尔德林都将会坠毁在月面之上。

在抵达亡者地带前20秒，意外发生了。驾驶舱内的一台计算机亮起了警报灯。"程序警报。"阿姆斯特朗说道。"1202。"奥尔德林回应。在控制中心，26岁的史蒂夫·贝尔斯这时正监视着老鹰的计算机系统。当老鹰的控制面板上另一个警报灯亮起的时候，资深飞行控制员吉恩·克兰兹迫切地想要知道，"1202到底是什么？""稍等。"贝尔斯回答。但是对于即将驶入亡者地带的阿姆斯特朗，他急需一个答复。"快告诉我1202到底是什么！"他问道。这时的他其实是在问是否需要取消着陆行动。

> 66 距离历史上最著名的一条总统誓言中所提到的那个在这个10年结束前所剩的时间已经不多了。 99

如果贝尔斯建议取消，他就必须立刻做出决定。他迅速地做出了可能是他平生最勇敢的一个决定。并在无线电中向克兰兹以及所有地面控制员广播。在保存至今的磁带中我们还可以听到他那以颤抖和害怕的声音向大家宣布的"忽视警报，继续降落"。

任务成员

指挥官
尼尔·阿姆斯特朗

阿姆斯特朗在1952年便加入了NASA的前身，并驾驶着X-15火箭飞机到达太空的边缘。生于1930年8月5日俄亥俄州的他在1966年3月第一次指挥太空飞行，驾驶着双子星8号绕地球环行。在阿波罗计划之后，他成为一名航空工程方向的教授。阿姆斯特朗于2012年逝世。

指令舱驾驶员
迈克尔·柯林斯

柯林斯生于行伍之家，他于1930年10月31日在意大利罗马出生。1952年从西点军校毕业后成为一名试飞员。1963年，他加入了NASA并成为双子星10号的副驾驶。柯林斯于1970年从NASA退休，任美国国家航空航天博物馆的馆长。他于2005年逝世。

登月舱驾驶员
爱德文·巴兹·奥尔德林

奥尔德林出生于1930年1月20日的新泽西州。他在西点军校就读，其后加入美国空军。1963年在完成航天学博士学位后他加入了NASA。奥尔德林参加了NASA的双子星12号任务。现在，他是私人航天旅游业的热情宣传者。

替补成员
指挥官
詹姆斯·罗威尔

替补成员
指令舱驾驶员
威廉·安德斯

替补成员
登月舱驾驶员
弗莱德·海思

（右图）刚刚
完成分离的老鹰开
始前往月球表面的
最后一段旅程。

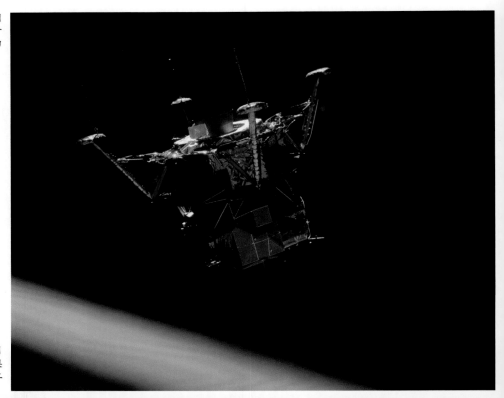

（下图）登月
舱驾驶员巴兹·奥
尔德林正从老鹰上
下降到月球表面。

奥尔德林拿着将要部署的实验设备，这些设备将被用于地月监测。

55

（上图）阿姆斯特朗（左）和奥尔德林竖起了美国国旗，这一刻被老鹰上的相机定格在胶片上。

任务时间线

1969 年 7 月 16 日
格林尼治时间 13:32，数以百万计的人们聚集在佛罗里达靠近发射场的可可比奇，在无限惊叹中观看阿波罗 11 号的起飞。

7 月 16 日：起飞后 2 小时 44 分钟
以液氢为燃料的火箭 S-IVB 级再次启动，将阿波罗推离地球轨道。

7 月 19 日：起飞后 75 小时 49 分钟
7 分钟的减速过程后，航天器平稳驶入月球轨道。

7 月 20 日：起飞后 100 小时 12 分钟
当阿姆斯特朗和奥尔德林登舱之后，阿鹰从哥伦比亚上脱离并移动到柯斯可以清楚看到老鹰状态的位置。之后，它便漂移离开，开始了它的下降过程。

7 月 20 日：起飞后 102 小时 38 分钟
老鹰上的导航计算机第一次出现这种"1201"和"1202"警报，警报闪烁了多次，一下子就让所有关心的人紧张起来。

7 月 20 日：起飞后 102 小时 44 分钟
当阿姆斯特朗利用珍贵的燃料寻找安全着陆点时，警报依旧在不停闪烁。

7 月 20 日：起飞后 102 小时 45 分钟
登月舱终于在静海着陆

7 月 21 日：起飞后 109 小时 24 分钟
阿姆斯特朗的靴子触及月球表面。"这是个人的一小步，人类的一大步，"他如是说。奥尔德林在 19 分钟后在月面与他汇合。

7 月 21 日：起飞后 111 小时 39 分钟
老鹰的舱门在 2 小时 32 分钟的月球行走后再次封闭。

7 月 24 日：起飞后 195 小时 18 分钟
哥伦比亚重返地球，并在大西洋安全降落。

> **当登月舱理应降落在月面上的时候，屏幕上却显示着登月舱突然以极高的速度向前冲刺。难道尼尔和巴兹失去对登月舱的控制了吗?**

尽管此时克兰兹已经吓坏了，但他并没有反驳这位年轻的同事。幸运的是，计算机工作正常，老鹰也平安地穿过了亡者地带。贝尔斯还没有从刚才的惊吓中缓过神来，负责与登月舱联络的查理·杜克又开始通过无线电向已离月面不远正悬浮在发动机喷出的热气上的老鹰发出了一条新的极短的警报："60秒"。这是杜克在用一种极简的方法告诉阿姆斯特朗及奥尔德林，"你们的油箱里仅剩下 60 秒的燃料，得赶紧把航天器降落了。"

人工操作

这边紧盯显示着遥感结果屏幕的克兰兹和他的团队越看越紧张。当登月舱理应降落在月面上的时候，屏幕上却显示着登月舱突然以极高的速度向前冲刺。难道尼尔和巴兹失去对登月舱的控制了吗?

在经过了漫长的 10 秒等待之后。终于，奥尔德林在无线电中回复，"着陆轻盈，控制方式转换为自动模式，发动机已关闭。"尽管

这才是人类踏进另一个世界所说的第一句话，但历史可能更喜欢将其后阿姆斯特朗所说的镌刻在人们的记忆当中，"休斯敦，这里是静海，老鹰已着落。"

此时杜克的回应已被淹没在大家喜悦的欢呼声中，"收到，静海，我们收到你已着落。你把我们这儿的一帮人憋得脸都紫了，谢天谢地，我们又可以喘口气了。"

阿姆斯特朗向大家表示歉意，说道："休斯敦，降落的最后阶段感觉非常漫长，但是自动目标系统将我们降落在了一个到处都是巨砾和岩石、只有橄榄球场大小的陨石坑里了"。正因为如此，他才多用了几秒的时间将老鹰漂浮在距月球表面几米的高度，并在附近找到了一块安全区域成功着陆。

道歉对于此时的休斯敦实属多余。"小心了，我们这边的屋里可全是笑脸，"杜克回应。"我们这边也有两张笑脸，"奥尔德林说道。你们可别忘了指令仓里也有一张笑脸，"柯林斯补充道。他之前最大

的担忧就是降落出现悲剧，而他将作为唯一一名幸存的宇航员独自飞回地球。

9个月后，人们才惊讶地发现这一次月球之行几近险象环生，多亏了幸运女神在阿波罗11号这一边。后来亚瑟·克拉克写到，"可能终将有这么一天，阿波罗计划成为唯一一件能够让人们在回忆美国、人类祖先甚至遥远的行星地球时想起的事情。"

（上图）哥伦比亚正在被降到主回收舰USS黄蜂号的甲板上。

任务徽章

这枚任务徽章的构思来自队员迈克尔·柯林斯。当他看到《美国国家地理杂志》上一张老鹰的照片后，他说道："老鹰会做点什么？它们会降落。"老鹰抓着的橄榄枝象征着和平，但是柯林斯却觉得橄榄枝的加入让鸟看起来有些尴尬。这是第一枚上面没有任何成员组名字的任务徽章——他们希望每一位为该项目工作过的人都感觉自己被包含在内。

（上图）时任美国总统尼克松祝贺已安全返航的阿波罗11号的宇航员们。在任务后，这几名宇航员仍要被隔离21天。

（上图）柯林斯、奥尔德林和阿姆斯特朗在隔离舱内休息。

（左图）为期45天的"一大步"巡回访问自纽约开始。在这次访问当中，成员组访问了25个不同的国家。

阿波罗问与答全收录

让我们一道发现阿波罗的宇航员们的日常生活是怎样的——这将包括他们吃什么、怎么解决个人卫生问题，以及他们是如何训练的。

问题： 他们吃什么？

回答： 宇航员的食物必须重量轻、紧凑并能够适合在零重力条件下食用。为了避免产生食物残渣，防止残渣进入设备当中造成设备损坏，科学家们用尽了各种办法。

阿波罗 7 号上宇航员们吃的主要是脱水后再水化的食物。例如，各式各样的虾类和鸡肉沙拉。尽管这听起来好像还不错，但这些沙拉可能更像宝宝们吃的那些流体食物而非一顿好吃的正经沙拉。宇航员们在吃的时候，需要先往食物包装里注上水，然后不断挤压包装让水和食物得到充分的混合，最后需要靠挤才能把食物弄出来吃掉。光准备这些食物就需要花费很长时间，所以并不受宇航员们的欢迎。在阿波罗 8 号上引进了热稳定的"湿包装"食品。这些食物味道更好，准备起来也更加容易。

到了 1968 年的圣诞节，宇航员已经都可以开始用勺子大口去吃火鸡和肉汤了。这绝对是个重大突破。这些食物

表面的水分可以使食物即使在零重力的环境下还可以待在勺子里。阿波罗 11 号的宇航员更是吃上了切达奶酪片和法兰克福香肠。阿波罗 12 号上宇航员的食谱里还加入了极受宇航员们欢迎的低温脱水炒蛋。到了阿波罗 14 号，登月服里就内置了用于饮水的装置，在后续任务当中在衣领内甚至还增加了食物棒。这使得宇航员们在月球上也可以保证液体和能量的摄入。

阿波罗 17 号上尤金·塞尔南正在享受一顿美餐。

（右图）阿波罗 10 号最先引用的勺碗包装食品。在吃的时候，先将热水或冷水从袋子上的管子里面注进去，然后用勺子从袋子上方的开口挖着吃。

问题： 他们在太空中是怎样上厕所的？

回答： 这可能是太空生活当中最不那么令人向往的部分。在宇航员大便的时候，他们需要将一个塑料袋用胶条粘在自己的屁股上。失重问题在阿波罗计划中从未得到解决。因此，在便便袋的一侧另附了一个手指头大小的小袋子。宇航员在便后就可以用这个小袋子帮助他们把便便从屁股上拨开。然后他们会在便便袋里面放入一粒杀菌剂，挤压袋子，把它和便便搅和在一起。

阿波罗 7 号的宇航员在日记中写到，"我脱得光光，拿着一大沓子手纸，准备拉上一个钟头……"但即使前辈们已经建议如斯，到了阿波罗 10 号上还是出了问题。像"空中浮着一条便便"这样的情况在这次航行中就出现过两回。

相比较而言，小便就容易多了。宇航员可以在身上系上一个橡皮口袋。这种橡皮口袋有 3 种尺寸，分别是小号、

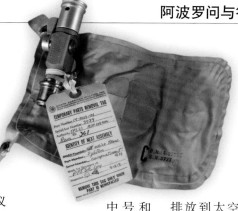

（右图）安装在金属阀门上的可以套在私处上的套子是排尿系统的一部分。

中号和大号。迈克尔·柯林斯回忆时提到在阿波罗 11 号上，成员们更喜欢称它们为"超大号、巨大号和大到无语的号"。宇航员将尿袋子另一头接到一根管子上，当管子上的阀门打开的时候，袋子里面的尿就会被

排放到太空里面。尽管说起来简单，但实际操作起来就没那么容易了。如果阀门开得太早，宇航员的私处也会被吸住，疼痛难耐。如果开的太晚，一滴滴的尿液又会悬浮在太空舱里，或是飞到早已对此无动于衷的队友身上。

肯尼迪总统和 NASA 的官员们正在听取关于阿波罗计划的简报。

问题： 阿波罗计划到底花了多少钱？

回答： 计划最初所确定的预算约为 70 亿美元。但是，NASA 的主管詹姆斯·韦伯在将预算提交到副总统约翰逊之前，将预算提高到了 200 亿美元。尽管包括总统在内的很多人都被这个数字给吓到了，但事实证明韦伯的估算更为准确。1973 年，交给国会的最终财报上给出该计划的总花销为 254 亿美元，相当于今天的 1700 亿美元。

问题： 宇航员怎样睡觉？

回答： 宇航员睡在他们的"固定睡袋"里。这些睡袋被固定在太空舱内，防止宇航员在睡觉时到处乱飞。睡袋安置在左右座椅的下方以及右侧座椅的上方。当不使用它们的时候，它们可以卷起来。宇航员到达月球时，月球的重力则可以让宇航员们安然睡在登月舱的地板上。

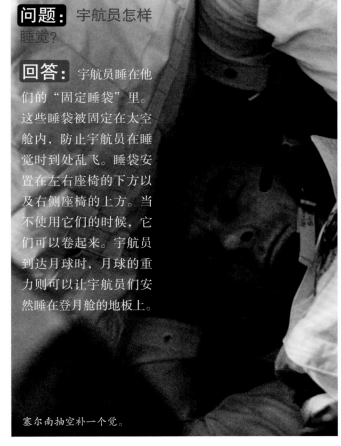

塞尔南抽空补一个觉。

问题： 宇航员的选拔过程是怎样的？他们又是怎么样训练的？

回答： 候选宇航员需要接受针对心理和身体的多项测试。他们首先需要满足的基本要求包括：年龄在25~35岁之间，身高不得超过1.8米，拥有工程或者物理学位，最后还需要不少于2000小时作为试飞员的飞行经验。

他们的训练种类多样而且要求非常严苛。不仅如此，他们还需要在高重力加速度的极限环境下完成训练，需要学习在零重力环境下如何移动腾挪，甚至于还要练习如何插旗。为了重建月球上的低重力环境，宇航员甚至被侧吊着在墙上练习太空行走。当尼尔·阿姆斯特朗着陆时，他说在月球上行走比训练时简单多了。地质学知识也是需要学习的内容之一。后来的阿波罗成员还要练习如何驾驶月球车。由于按计划太空舱通常要降落在水中。所以这些宇航员还要用上放置在游泳池或者墨西哥湾的模型飞船，去练习如何从中出来。考虑到太空舱还有降落在陆地上的可能，所以所有宇航员还要学习丛林和沙漠的生存技巧。

尼尔·阿姆斯特朗在练习为月面样本拍照。

问题： 他们如何解决个人卫生问题？

回答： 航天器上备有一包牙线、3支牙刷和可以被安全吞食的牙膏。

阿波罗10号的成员是第一批在太空中刮胡子的人。尽管投入了大量的时间和精力寻找可以在太空中使用的电动剃须刀，但是，电动剃须刀总会使胡须碎屑飘浮在空中，如果它们最终进入机器内部，将会造成严重的隐患问题。有人建议使用剃须刀配合剃须膏。由于剃须膏可以使胡须不会到处乱飞，剃完一擦即可。实践证明这个方案确实可行、有效。

在太空航行8天后，迈克尔·柯林斯刮了个胡子。

在阿波罗7号任务中，沃尔特·施艾拉患上了感冒。

问题： 有没有人在太空中生过病？

回答： 答案是"有"，阿波罗7号上的所有成员就都感冒了。由于太空中没有重力可以帮忙把鼻子里的鼻涕擤出来，所以太空中患上感冒将会是一件非常不舒服的事情。这几位成员在太空中的脾气变得越来越暴躁，甚至在返回的过程中因为想要擤鼻涕而拒绝佩戴头盔。

晕船在宇航员当中更是常见。在阿波罗8号上，伯曼就同时患上了晕船和腹泻。他的同伴罗威尔和安德斯不得不帮着他在太空舱内把呕吐物和粪便颗粒一个个地找到并收集起来。

（上图）拉塞尔·施维科特展示月球上的宇航员是如何穿戴的。

问题： 他们是怎样呼吸的？

回答： 航天器上配备有制氧机为舱内加压，可以保证宇航员正常呼吸。

当宇航员在月面上时，他们佩戴有便携式生命支持系统，也就是宇航服后背上的那个大箱子。这套系统为宇航员提供氧气吸入的同时，能够移除宇航员呼出的二氧化碳。

问题： 宇航员们都穿戴了些什么？

回答： 每一名宇航员都有3身量身定制的服装。第一身是一件相当于内衣的全棉连体衣。因为它被宇航员贴身穿着，这件衣服就必须保暖舒适。每次任务执行前，都会为每位宇航员配发两套这样的连体衣。第二身服装通常被称为"飞行外衣"。它包括一件夹克、一条裤子和一双靴子。这身服装由特氟龙这种阻燃且不会导致皮肤瘙痒的材料制成。宇航员在太空舱内穿着的就是这身服装。

最后一身衣服就是宇航服了。宇航员会在起飞、重返大气层以及月面行走时穿着这件5层的连体衣。这身衣服能够在其内部提供恒定的气压及温度，同时在衣服里面还有一层纸尿裤以帮

（上图）尼尔·阿姆斯特朗在月球上迈出第一步时穿的宇航服。

助飞行员在穿着衣物时解决内急。在阿波罗1号事故发生后，宇航服的最外层改为不燃层。

（上图）阿波罗8号发射时在控制中心坐镇的飞行指挥官克利福德·查尔斯沃斯

问题： 他们如何进行通信？

回答： 宇航员与地球上的飞行员一样，依靠无线电进行通信。对于无线电信号而言，只要信号传输路径中间没有遮挡，距离就不是问题。这也同样意味着，当指令舱转到月球远端的时候，指令舱上的宇航员是无法与月面上的成员或是地面控制进行联络的。

肯尼迪太空中心，登月舱
模拟器里的皮特·康拉德和
阿伦·比恩。

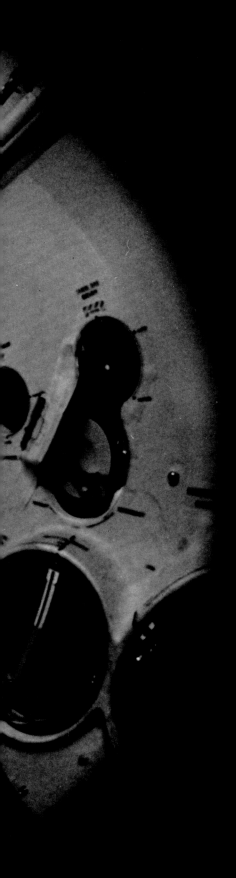

1969 年 11 月 14 日

阿波罗 12 号

差点酿成悲剧的第二次载人登月

任务概要

目标：完成一次准确的载人月面着陆以及一系列月面探索任务。

任务时长：10 天 4 小时 36 分钟 25 秒。
月面驻留时间：1 天 7 小时 31 分钟 11 秒。
指令舱名：扬基快船。
登月舱名：无畏。

起飞不久，阿波罗 12 号
就被闪电击中两次。

第一批登上月球的人包括一名害羞的试飞员和一名拼命三郎一样的工作狂。没有哪个地方写着首批登月的宇航员应该怎样如何，队员的随机抽取以及硬件的状态才是决定宇航员命运的主要因素。就差那么一点，首批登月的可能就变成阿波罗12号上那一队充满欢乐、可爱的成员。如果那样的话，飞行结束后，NASA肯定会考虑到他们各人的才艺将他们任命为太空大使。

阿波罗12号指令舱扬基快船里的3名宇航员包括任务指挥官皮特·康拉德、指令舱驾驶员理查德·高登以及登月舱驾驶员阿伦·比恩。他们彼此相识已有多年，在加入NASA之前均是美国海军的飞机驾驶员。他们可能是NASA所派遣过的宇航员中最适合作为阿波罗号成员的人。

百里挑一

康拉德、高登和比恩不仅智慧和魅力出众，同时还具备宇航员必需的所有基本素质。这其中就

包括了当航天器遭受雷击时能够沉着应对这一条。1969年11月14日早晨，火箭在潮湿多云的天气中起飞后仅半分钟，就被雷电击中了两回。这两道巨大的闪电击中了土星5号火箭的顶端，顺着火箭穿过火箭后面排出的巨大炙热的尾气，直达1千米下方的地面。

在任务结束后，康拉德曾经回忆道："主警报开始在我耳边响起。当我越过主仪器面板望向外面，那景象真是令人震惊。"

太空舱内的所有警报信号灯全部亮起，把舱内映的像圣诞节时的商店橱窗一样。控制中心已经做好下达取消飞行命令的准备。一旦执行，逃逸塔将带着太空舱脱离运载火箭，保证宇航员的生命安全。其后，控制中心便可以遥控引爆土星5号以避免任何火箭碎片飞向有人居住的区域。

> 66 太空舱内的所有警报信号灯全部亮起，把舱内映的像圣诞节时的商店橱窗一样。99

任务成员

指挥官
查尔斯·皮特·康拉德

出生于1930年6月2日费城的康拉德在普林斯顿大学时主修的是航空工程专业。他于1962年加入NASA，1965年成为双子星5号的副驾驶，1966年又以指挥官身份驾驶了双子星11号。1973年，他在美国的第一个太空站天空实验室上指挥了该实验室的第一个任务。康拉德于1999年逝世。

替补成员
指挥官
大卫·斯科特

指令舱驾驶员
理查德·高登

高登生于1929年10月5日，西雅图。1951年，他在华盛顿大学拿到化学学士的学位。在加入海军后，于1963年来到NASA。在1966年，他作为副驾驶参加了双子星11号任务。1972年阿波罗计划行将结束时，他离开NASA开始了他从体育商业到石油勘探的商贾之路。

替补成员
指令舱驾驶员
阿尔弗雷德·沃尔登

登月舱驾驶员
阿伦·比恩

阿伦·比恩生于1932年3月15日。他在得克萨斯大学主修航空工程。在1963年加入NASA之前曾是一名美国海军的飞行员。1973，在第二次前往天空实验室的旅行中他出任指挥官。1981年从NASA退休之后，比恩成为一名艺术家——他的画作主要以月亮为主题。

替补成员
登月舱驾驶员
詹姆斯·埃尔文

阿伦·比恩收集准备带回地球的月壤样本。

起飞后不久，数道闪电便击中了土星5号火箭和发射塔。

发射室内的技术人员正在听候阿波罗12号以及控制中心解决电气问题。

康拉德在检查已到达月球2年的勘测者3号机器人。

月球之爱：宇航员在月球表面发现了一个心形的凹陷。

任务时间线

1969 年 11 月 14 日

阿波罗 12 号于格林尼治时间 16:22 起飞。起飞后 36 秒，一道闪电直击火箭，扰乱了太空舱内的电子设备，任务看上去面临严重危机。16 秒后，又一道闪电袭来。

11 月 14 日：起飞后 11 分钟 43 秒

依赖于土星 5 号的导航系统，阿波罗 12 号成功抵达轨道。这个导航系统位于火箭第三级（S-IVB 级）和内部搭载着登月舱的转接器之间。到了轨道以后，成员组成功地将太空舱内的导航系统重启。

11 月 14 日：起飞后 2 小时 53 分钟

火箭的 S-IVB 级二次点火，将阿波罗 12 号推向月球。尽管任务中心仍旧对闪电是否击坏某些电子设备从而在重返大气层时造成危险而担忧，但此时担忧这些可能已经没有太大意义了。

11 月 19 日：起飞后 107 小时 54 分钟

登月舱无畏从指挥舱扬基快船上脱离，载着康拉德和比恩向月面下降。

11 月 19 日：起飞后 110 小时 32 分钟

无畏准确无误地在风暴洋的预定地点着陆。

11 月 19 日：起飞后 115 小时 10 分钟

第一次月球行走在康拉德兴奋的"哇"的一声中开始。他和比恩在月面部署了阿波罗月球表面实验数据包。相较阿波罗 11 号上那个，这次是个完整的新版本。

11 月 20 日：起飞后 133 小时 53 分钟

康拉德和比恩检查了 3 条腿的勘测者 3 号登月机器人。它于 1967 年 4 月在月面降落。宇航员从上面取下一些小型设备带回地球。

11 月 24 日：起飞后 244 小时 36 分钟

扬基快船鼻子冲下栽进大西洋。在航天器翻转过来之前，宇航员们在舱内倒吊了 4 分钟。

（上图）返航途中，当地球恰好移动到阿波罗 12 号和太阳之间时，宇航员们有幸见到了这壮美的日食。

> 哇！哥们，对于尼尔来说这可能只是一小步，但对我来说这可是一大步啊。

但是，一位年轻的 NASA 电气专家约翰·亚伦指出，警报很有可能是因为闪电扰乱了阿波罗的通信信号而造成的误报，并不一定是源自飞船本身的问题。依他所见，土星 5 号的飞行姿态良好。就像现在 IT 技术支持部门在遇到计算机故障时通常会建议用户重启一下一样，他建议宇航员重新拨动一下控制面板上的一个开关。奇迹出现了，开关一经拨动，数据传输立刻恢复正常。

尽管扬基快船上的系统出现错误，但土星 5 号火箭上的系统正常运转，完美地将阿波罗 12 号推入正确轨道。其后，将扬基快船上的控制进行恢复对于宇航员来说就是一件相对容易的工作了。

阿波罗 12 号上的导航计算机的运算能力尚不及现在的一块电子手表。然而，它却是有史以来人类所发明的最结实的计算机之一。这台计算机是一个完全的硬连线系统，它的软件都是通过蛇行在大大小小的圆形磁芯周围的导线的不同走线方式来实现的。这使得它的软件无法被复写，也无法被擦除。即使面对闪电的威胁，对它来说也只是小菜一碟。重启之后，一切再次恢复正常。

登月开始

11 月 19 日，康拉德和比恩将无畏精确无误地降落在风暴洋的预定着陆地点。

同日，当康拉德踏上月球表面开始执行他两次月球行走当中的第一次时，他说道："哇！哥们，对于尼尔来说这可能只是一小步，但对我来说这可是一大步啊。"比恩紧随其后。但很快，他就因为不小心将电视摄影机指向了太阳而把机器给烧坏了。但这些都无关紧要。公众这时候对 NASA 最近的这次登月行动已不再那么关注，他们已经从阿波罗 11 号的兴奋当中慢慢平息了。

在 11 月 20 号的第二次舱外活动中，康拉德和比恩到达了他们的首要目标之一——"勘测者 3 号"登月机器人。尽管机器人上面盖满了尘土，但在月球度过了两年的它依旧完好。他们将安装在其上的摄影机带回地球。NASA 的科学家发现，那次发射时不小心进入到摄像机内的地球上的细菌在这台摄像机里面竟然仍旧存活着。

除了起飞时的提心吊胆以及后来将电视摄影机烧坏以外，阿波罗 12 号堪称一次完美的登月任务。无论是媒体还是公众都开始认为飞往月球已经是一件司空见惯的事情。但是，NASA 的下一次任务却彻底地改变了这一切。

（上图）安然无恙：宇航员们从回收直升机走向隔离舱。

（右图）搭载着成员组的隔离舱正在向得克萨斯的月球物质回收实验室驶去。

（上图）众多从月球带回的岩石样本中的一枚的近照。

任务徽章

因为 3 名宇航员的海军背景，所以一艘帆船占据了这个徽章的中心位置。为了准确绘制月面降落的位置，多位艺术家参与了这次徽章的设计。天空中的 3 颗星代表了 3 名宇航员，多出的那颗星是为了纪念已故的宇航员克里夫顿·柯蒂斯·威廉姆斯。

（左图）一名科学家正在检查勘测者 3 号上的电视摄像机。在月球上度过了两年后，它依然完好。

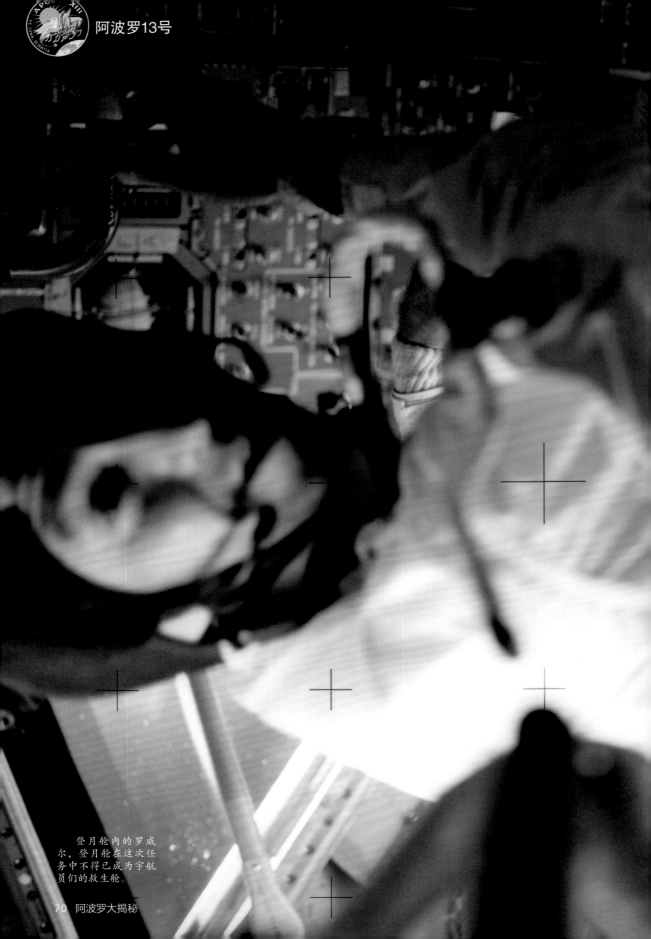

登月舱内的罗威尔，登月舱在这次任务中不得已成为宇航员们的救生舱。

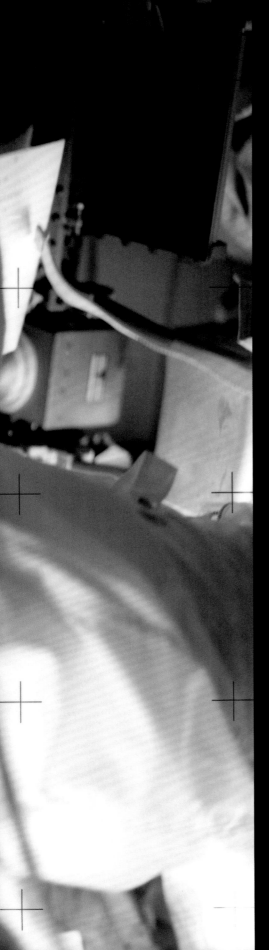

1970 年 4 月 11 日

阿波罗 13 号

休斯敦为挽救危机，成就了 NASA 的光辉一刻

任务概要

目标：宇航员们原计划在弗拉毛罗高原降落，但航天器上的一次爆炸使原计划不得不被取消。但这次航行却被看作一次"成功的失败"。

任务时长：5 天 22 小时 54 分钟 41 秒。
指令舱名：奥德赛。
登月舱名：宝瓶座。

很长一段时间，阿波罗 13 号上的宇航员们都不确定自己是否还能再次重返地球。

很长一段时间，阿波罗 13 号上的宇航员们都不确定自己是否还能再次重返地球。

1970年4月13号，在发射仅进行了13分钟后，阿波罗13号便陷入险境。在最初建造这些航天器的时候，由于当时所实际采用的电气系统的电压与最初设计的不同。在成千上万的元器件里，供氧舱内的一个自动调温器就被忽视了，在液氧中浸泡了5年后，这个器件最终烧毁了。而阿波罗13号就恰巧成为该事故的受害者。

指挥官詹姆斯·罗威尔、登月舱驾驶员弗莱德·海思以及指令舱驾驶员杰克·斯威格特一夜之间成为无人不知的人物，因为当时所有人都认为他们难逃一死。而休斯敦控制中心的控制员，在这危急时刻演绎出太空史上最杰出的一次营救行动。

起初，阿波罗13号看上去一切顺利。起飞后5分钟，土星5号火箭的第二级其中一台发动机出现故障，但另外4台不仅承担起这台已毁发动机的推力，还比往常多燃烧了30秒。"没有什么比一次有趣的发射更棒的了。"罗威尔对控制中心说道。当他的航天器完美进入绕地轨道后，他再次说道："休斯敦，我们已经开始在这儿欣赏美丽的日出了。"

罗威尔作为阿波罗8号指令舱的驾驶员已经环绕过月球。现在，他急切地希望能够踏上月球表面。但不幸的是，他的梦想即将离他远去。当飞行进入到第56个小时，飞船距地球已达320000千米时，灾难的先兆出现了。斯威格特通过无线电汇报："我感觉我们这里出问题了。"

"这里是休斯敦。请重复。"

> "休斯敦，我们这里出问题了。B主线出现欠电压故障。"这是宇航员用于描述电源故障的术语。

罗威尔确认指令舱奥德赛工作状态不正常，"休斯敦，我们这里出问题了。B主线出现欠电压故障。"这是宇航员用于描述电源故障的术语。除了面板上的警示灯点亮，海思补充道，"还有一声巨响。"紧接着，罗威尔向他身旁的窗外望去。"休斯敦，有东西在从太空舱向太空中泄出。看起来像是某种气体。"

任务成员

指挥官
詹姆斯·罗威尔

罗威尔于1928年3月25日生于俄亥俄州。1962年他加入NASA。1965年他曾与弗兰克·柏曼一起驾驶双子星7号，其后又与巴兹·奥德林一同驾驶双子星12号。罗威尔是阿波罗8号指挥舱的驾驶员。在阿波罗计划之后，他被约翰逊总统任命为体适能与运动顾问。

指令舱驾驶员
约翰·杰克·斯威格特

斯威格特最开始被定为阿波罗13号的替补成员，仅在发射前的72小时他才成为正式队员。他于1931年8月30日在科罗拉多州出生。1966年加入NASA。1977年，斯威格特离开NASA转而从政，并于1982年被选为众议院议员。但就在他宣誓就职前，他因骨癌逝世。

登月舱驾驶员
弗莱德·海思

海思1933年11月14日出生于密西西比州。1952年他开始军旅生涯。作为海军飞行学员他的飞行时间累计有9300小时。海思是阿波罗8号、11号以及16号的替补成员之一。1979年海思离开NASA，成为格鲁曼航空公司的执行官。

替补成员
指挥官
约翰·扬

替补成员
指令舱驾驶员
托马斯·肯·马丁利

替补成员
登月舱驾驶员
查尔斯·杜克

（右图）德科·斯雷顿正在展示改装后的滤罐如何为宇航员过滤空气。

（下图）宇航员们开始改造空气滤清器，用于排出过量的二氧化碳。

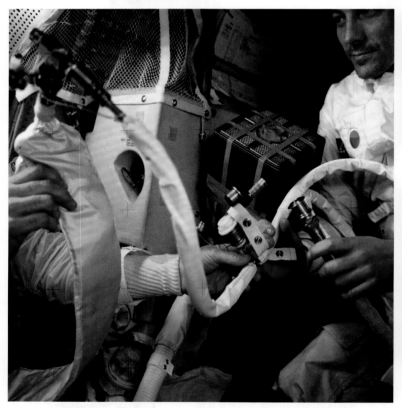

（上图）在重返大气层前登月舱被抛弃。

（上图）装有氢氧化锂的金属罐被改造用于过滤登月舱内的空气。

损坏了的服务舱从
航天器上脱离。

任务时间线

1970年4月11日

阿波罗13号在格林尼治时间19:13从佛罗里达的肯尼迪太空中心准时发射升空。第二级内侧的发动机因故障提前两分钟停机，其他几个发动机多运行了一段时间进行了弥补。

4月11日：起飞后3小时19分钟

成员组将奥德赛与宝瓶座对接，并从第三级脱离。他们开始了前往月球的3天的旅程。

4月13日：起飞后46小时43分钟

指令舱宇航通信员乔·科尔文评论道："在我们看来，航天器一切正常，我们这边无聊得都快哭了。"这是这次航行中最后一次有人埋怨无聊。

4月14日：起飞后55小时54分钟

当任务控制中心让宇航员们"把低温储氧罐搅起来"，斯威格特表示同意，接着宇航员就听到一声"巨响"。2号储氧罐爆炸。

4月14日：起飞后61小时29分钟

航程中段的校正点火功能启动，这次点火将帮助太空舱进入自由返回轨道。前往月球的行动就此取消。

4月15日：起飞后77小时8分钟

成员组经过月球背面。他们将利用月球的重力把他们推回地球。

4月17日：起飞后137小时39分钟

航程中段校正点火开始。在其后的几个小时，服务舱脱离，指令舱加电，宇航员返回指令舱。

4月17日：起飞后141小时40分钟

太空舱重入大气层。通常会发生4分钟左右通信中段，但阿波罗13号却中断了6分钟。任务控制中心一片紧张。

4月17日：起飞后142小时54分钟

阿波罗13号在南太平洋降落，终于让任务控制中心松了口气。

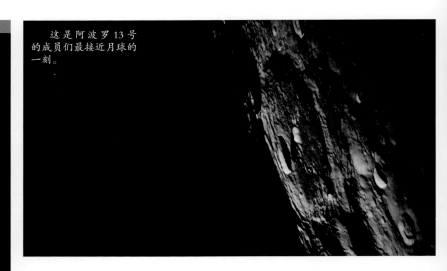

这是阿波罗13号的成员们最接近月球的一刻。

> 宇航员们不得不将太阳作为紧急导航参照物，用纸笔迅速展开计算。

紧急行动

服务舱内的一次爆炸摧毁了航天器上的氧气供给，致使航天器发电系统大部分瘫痪，主发动机停机。为了节省仅存的电力，宇航员们关闭了指令舱内几乎所有系统。他们挤在宝瓶座登月舱内，绞尽脑汁思考如何将登月舱发动机改作他用。这台发动机将不再用于把两名宇航员送上月球，相反，它将被用来推动指令舱和服务舱连同3名宇航员环绕月球并最终重返地球。

如果问题出现得更早一点，阿波罗13号大可以飞入自由返回轨道。仅靠地球引力就足以保证安全返航。但由于之前航天器飞离地球阶段的旅程进展极为顺利，所以航线已经转为确保宝瓶座能够在弗拉毛罗高原降落的航线，这也就放弃了自由返回的可能性。

不久后，因为一些碎片挡住了导航望远镜的视野，宇航员们不得不将太阳作为紧急导航参照物，用纸笔迅速展开计算。爆炸发生5个小时后，宝瓶座的发动机点火，将还处在组合状态的航天器推回到自由返回轨道。

氧气短缺

宝瓶座上的生命供给系统是按照两名宇航员两天的氧气需求设计的。而现在，宇航员增加到了3名，所需氧气的供应时间也同时增加了两倍。相较于逐渐减少的氧气，宇航员所呼出的二氧化碳在舱内的堆积问题更为严重。奥德赛和宝瓶座上的过滤器形状不同，控制中心不得不利用舱内所有能利用到的东西，例如宇航服上的软管、胶带以及文件上的装订封面纸，发明出一种临时解决方案，并一步步地将其指示给身体已寒冷虚弱的宇航员们。

在即将返回之前，服务舱被甩向太空。"太空舱的一边完全消失了。"罗威尔惊叹道。令人难以置信的是，太空舱剩余的部分还能正常工作。尽管罗威尔可能因为没能亲自踏上月球的表面而感到失望。但这次"失败"了的任务却被人们认为是NASA所成就的最光辉的时刻之一。

（右图）奥德赛向南太平洋坠落。

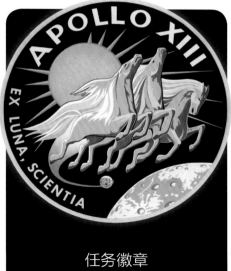

（下图）任务控制中心的每一位工作人员都在庆祝宇航员们的平安归来。

任务徽章

詹姆斯·罗威尔在设计徽章时显得得心应手，他从神话里面的神祇阿波罗和他的战车找到了阿波罗13号徽章的灵感。徽章的主体源于一幅描绘荒野中奔跑的马群的壁画——汤姆·汉克斯在拍摄阿波罗13号扮演罗威尔时买下了这幅画并赠送给了他。徽章里面的拉丁文写着"从月球而来，知识"。

（上图）（从左至右）海思、罗威尔、尼克松总统和斯威格特向国旗敬礼。

（左图）尼克松总统向阿波罗13号任务执行团队颁发平民所能获得的最高荣誉——自由勋章。

阿伦·谢帕德正在 1/6 重力（也就是他们将在月球上承受的重力）下练习拉动探索月球的装备。

1971 年 1 月 31 日

阿波罗 14 号

3 人登月，玩起了高尔夫

任务概要

目标：探索弗拉毛罗高原并收集月壤样本。阿波罗 14 号第一次将月面拍摄的彩色照片传回地球。

任务时长：9 天 2 分钟。
月面驻留时间：1 天 9 小时 30 分钟 29 秒。
指令舱名：小鹰。
登月舱名：心大星。

在等候了一小时，风暴过去后，阿波罗 14 号于格林尼治时间 21:03 在轰鸣中起飞。

在阿波罗13号事故发生9个月后，NASA再次向月球发射载人航天器。

1971年1月30日，在佛罗里达，搭载着阿波罗14号的土星5号火箭矗立在发射架上，喷气口排着烟雾。这一次其上搭载的3位宇航员包括了任务指挥官阿伦·谢帕德，美国的第一位太空人。这也是继他上次1961年飞行后的第二次太空之旅。另外两位宇航员，即登月舱驾驶员埃德加·米歇尔和指令舱驾驶员斯图尔特·卢飒则都是第一次进入太空。

夹带着风暴的乌云此时正经过此地，发射也因而被推迟了一个多小时。但令谢帕德感到释然的是阿波罗14号最终还是得以发射升空。在20世纪60年代的大部分时间里，尽管谢帕德由于内耳的疾病只能进行地面的工作，但他却将这些工作做得极富成效。出任位于休斯敦的NASA宇航员办公室的主任后，他仍在不断地让自己接受各种宇航员相关的医学检查，以便自己能够重拾飞行状态。最终，他以47岁高龄成为阿波罗项目的宇航员。这时，已经没有什么能够阻止他奔赴月球的脚步了。

不幸的是，任务开始后还不到3个小时，谢帕德的愿望貌似就要破灭了。尽管卢飒尝试了各种办法，但他就是无法将指挥舱小鹰与登月舱心大星成功对接。卢飒5次试图将小鹰的机头对准心大星的舱顶，但每一次都失之毫厘。

控制中心建议卢飒再试一次。和之前几次不同，这一次对接不但没有关闭推进器，反而要打开推进器，使小鹰机头上的对接探头直接撞进心大星上的对接口。第6次的对接尝试终于成功，后来当宇航员们打开舱门检视对接机制的时候，却并没有发现任何异常之处。

着陆

当航天器驶入绕月轨道时，搭载着谢帕德和米歇尔的心大星在与小鹰脱离后，在其下降过程当中险情再次发生。导航计算机不断给出"取消"指令警示。考虑到之前阿波罗11号下降时同样发生过类似的虚警信号，任务指挥中心推测这次计算机给出的同样有可能是因为某个开关松动而造成的虚警报告。这一回他们又猜对了。

> 66 卢飒尝试了各种办法，但他就是无法将指挥舱小鹰与登月舱心大星成功对接。 99

任务成员

指挥官
阿伦·巴雷特·谢帕德

生于1923年11月18日的新罕布什尔，谢帕德最初加入的是海军。他是1961年5月5日美国第一次载人飞行水星号7人中的一位。由于内耳疾病，在阿波罗14号之前他转而去领导NASA的宇航员办公室。他于1998年7月21日逝世。

指令舱驾驶员
斯图尔特·卢飒

卢飒于1933年8月16日生于科罗拉多州。在1966年加入NASA之前，他是一名林务局的消防员，其后又成为试飞员。尽管阿波罗14号是卢飒的唯一一次太空飞行，但他也以替补成员的身份加入了阿波罗16、17号任务中。后来，他开始从事航天飞机研发方面的工作。他于1994年12月12日逝世。

登月舱驾驶员
埃德加·米歇尔

米歇尔生于1930年9月17日。他在麻省理工学院学习航空学。1966年加入NASA前是海军的飞行员。深深被太空航行经历影响的他，在1973年建立了专门研究感知以及感知与宇宙之间联系的智性科学中心。

替补成员
指挥官
尤金·塞尔南

替补成员
指令舱驾驶员
罗纳尔德·埃文斯

替补成员
登月舱驾驶员
乔·恩格尔

阿波罗14号

谢帕德站在被他们称为"月球黄包车"的模块式设备搬运车旁边。

　飞行前的训练中，谢帕德（前景中）和米歇尔在登月舱模拟器中。

　风暴前的宁静：阿波罗 14 号的成员正在和地面工作人员享受发射前的早餐。

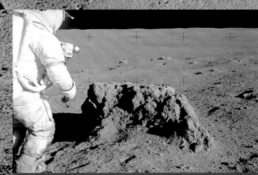

　谢帕德在第二次舱外活动时站在一块大石头前。

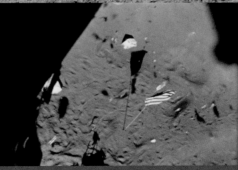

　登月舱火箭工作的一刻，喷发的力量使金箔在月面四处散落。

（上图）这张照片里可以看到谢帕德的高尔夫球和被他当作标枪扔出去的工具柄。

> 尽管由于宇航服的原因，他只能使用一只手，但这回他总算可以投入到自己最喜欢的运动当中了。

远古的撞击

心大星最终降落在弗拉毛罗平原高地这块阿波罗 13 号原定要探索的区域。很早以前形成雨海撞击盆地的那次撞击使得这里到处都是碎石和岩屑。高温高压将无数的岩石碎屑融合出新的、被称作角砾岩的岩石。其中有些角砾岩甚至来自于角砾岩之间的再次合成。阿波罗 14 号的登月者们证实了弗拉毛罗平原上那段狂暴的历史。

谢帕德和米歇尔推着 NASA 第一台装着轮子的登月设备——一台可折叠载有各种工具和相机的手推车完成了两次合计 9 个小时的月球行走。这台手推车也被他们命名为"月球黄包车"。他们唯一的遗憾就是未能到达锥状火山口这个在地图上看上去可及的目标。不幸的是，由于到达这个火山坑边沿的山坡过于陡峭，宇航员们无法在保证安全的前提下尝试登顶。

就在再次从悬梯爬回登月舱前的几分钟，谢帕德给控制中心来了一个惊喜。他一边挥舞着一个用来采集岩石样本的工具，一边向大家宣布：

"就在这时，球包里头恰好还剩下一只六号铁杆。而我的左手正攥着一只亿万美国人都熟悉的不能再熟悉的小白球。让我把它先放下。"

尽管由于宇航服的原因，他只能使用一只手，但这回他总算可以投入到自己最喜欢的运动当中了，"虽然这身宇航服让活动有点不便，搞得我没有办法用两只手击球。但是我想我还是可以试着打一个小沙坑障碍球。"他也因此成为在月球上打高尔夫球的第一人。

他的第一杆仅在月面上刨出了些尘土。米歇尔笑话他道："你打出来的土比你打到的球还多。"他的第二杆也没能得手。这时正在任务控制中心的阿波罗 13 号上的老宇航员弗莱德·海思也没忘抓紧时间逗逗谢帕德："阿伦，这一击从我这儿看貌似是个右曲球啊。"第三杆终于有所进步。"总算开张了，一记直线球。"

"越飞越远，一千米，两千米……"而实际上，这球仅仅飞出了不超过 20 米。但是无论如何，谢帕德，美国的第一个太空人，终于高兴了。

任务徽章

在这个徽章设计中，每一个宇航员都期望得到的黄金别针——只有成功飞入太空的宇航员才能得到的徽章，代替了航天器出现在徽章之中。自阿波罗14号之后，黄金别针成为太空飞行任务徽章里面的常客，至少有31个徽章设计里面都能找到它的身影。在这个设计中，很多人诟病外太空的颜色没有选择识别度很高的黑色而选用了明蓝色，另外也有人埋怨宇航员的名字由于颜色的原因在金色的外圈里面难以找到。

（上图）安全降落后，谢帕德和米歇尔正在等待被救援直升机接走。

（右图）（从左至右）卢飒、谢帕德和米歇尔在隔离舱里欢迎新闻记者们。

（上图）科学家在无菌氩常压加工线上对在月球采集到的样本做实验。

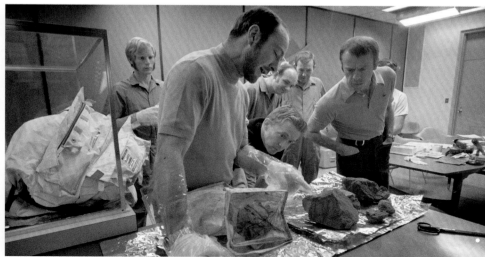

（左图）成员组展示他们采集来做测试用的一些更大的岩石。

月球车的月球自为似化面。

1971 年 7 月 26 日

阿波罗 15 号

长驻留任务，宇航员第一次开上了月球车

任务概要

目标：宇航员们装备了更多补给，以保证他们可以在月球上驻留更长时间。任务的主要目标是开展一系列科学实验，宇航员们也将第一次测试月球车。

任务时长：12 天 17 小时 12 分钟。
月面驻留时间：2 天 18 小时 54 分钟 53 秒。
指令舱名：奋进。
登月舱名：猎鹰。

在前往发射台的路上，大卫·斯科特向那些对他们表达良好祝愿的人们致敬。

阿波罗 15 号非常不同于在它之前的 3 次登月任务。作为第一个更高级的"J 级"任务，航天器上额外搭载了 1800 千克的燃料及设备。这其中就包含了足够支撑宇航员在月面停留 3 天的补给以及各种新装备。奋进指挥舱上新安装了一整套用于在轨道上对月面进行勘测的成像仪、一颗绕月的子卫星和一辆月球车。这台月球车被折叠安装在猎鹰登月舱的一侧。重新设计了的宇航服增加了更多的活动关节以使宇航员们可以端坐在月球车里，也可以帮助宇航员们完成长达 7 小时的舱外活动。这样做的目的是要在当时阿波罗项目饱受批评质疑的大环境下，尽可能地增加阿波罗的科学产出。

彼时，阿波罗计划已受到来自苏联无人探测器的多次挑战。就在阿波罗 15 号发射的前一年，无人探测器月球 16 号已将月球的土壤带回地球，无人驾驶月面自动车 1 号也已穿越月球表面。如果连机器人都可以做到这些，那是否还值得冒着这样大的风险斥巨资执行载人的登月项目？

阿波罗 15 号要证明的东西太多，而它所搭载的 3 位宇航员也急切地想要将它们一一实现。指挥官大卫·斯科特、驾驶员詹姆斯·埃尔文和阿尔弗雷德·沃尔登下定决心要在人类科研史上书写下重要的一页。尽管他们自始至终接受的都是飞行员的训练，但这 3 位宇航员无论是在课上学习方面还是实地考察方面都在竭力使自己也成为一名地质学家。

与此同时，科学家们正在月球上四处搜寻一处足够值得用一周时间对其地貌特征进行考察的降落地点。它们最终将着陆点定在了被高低起伏的地貌所包围的哈德利沟——那在远古时代被月球亚平宁山脉山脚下流淌的岩浆流所雕琢出来的深达 400 米的山谷。

> 66 作为第一个更高级的 J 级任务，飞船上额外搭载了 1800 千克的燃料及设备。99

任务成员

指挥官
大卫·斯科特

大卫·斯科特步他父亲的后尘加入了美国空军。他于 1932 年 6 月 6 日出生，他是 NASA 第三批宇航员中第一个进入太空的人。他执行过双子星 8 号任务，并在 1969 年阿波罗 9 号任务中驾驶了指令仓。在电影"阿波罗 13 号"和电视剧"从地球到月球"中，他担任了顾问一职。

指令舱驾驶员
阿尔弗雷德·沃尔登

1932 年 2 月 7 日出生于沃尔登毕业于西点军校以及汉普郡的英国空军帝国测试飞行员学校。跟阿波罗 15 号的其他队员一样，沃尔登的宇航员生涯由于"邮票事件"（宇航员将邮票带上了月球，回来之后私自售卖）而终止。1975 年离开 NASA 后，他转去航空航天工业部门任职。

登月舱驾驶员
詹姆斯·埃尔文

来自匹兹堡的詹姆斯·埃尔文生于 1930 年 3 月 17 日，他后来成为一名美国空军测试飞行员。在加入阿波罗 15 号任务之前，由于一次严重的飞机失事，他差点丢掉自己的一条腿。这次任务使他成为第 8 名登上月球的人，但他因此在返航的途中患上了严重的心脏病，他于 1991 年逝世。

替补成员
指挥官
理查德·高登

替补成员
指令舱驾驶员
凡思·布兰德

替补成员
登月舱驾驶员
哈里森·杰克·施密特

埃尔文和技师们在检查巳被固定在猎鹰上的月球车。

发射塔上的悬臂在土星 5 号火箭点燃的一刻松开。

斯科特驾驶着月球车在月球上转了第一圈。

埃尔文正用长柄勺在 4500 米高的哈德利山的山脚下收集岩石样本。

登月舱猎鹰倾斜着陆，这使得展开月球车变得更加困难。

UNITED STATES

任务时间线

1971 年 7 月 26 日
阿波罗 15 号在格林尼治时间 13:34 发射，比计划晚了 187 毫秒。

7 月 30 日：起飞后 104 小时 42 分钟
月面降落发生得又急又狠。猎鹰的一只脚踏进了陨石坑，身子也有 10 度的倾斜。

7 月 30 日：起飞后 106 小时 38 分钟
远在月球轨道上，沃尔登仍看到了月面上的猎鹰。

7 月 31 日：起飞后 106 小时 42 分钟
斯科特在 33 分钟"伫立"的舱外活动中，头伸向猎鹰外面。

7 月 31 日：起飞后 119 小时 52 分钟
在第一次舱外活动中，月球车被取下来，并拉出去在圣乔治陨石坑开了 10.3 千米。

8 月 1 日：起飞后 142 小时 22 分钟
在第二次舱外活动中，斯科特和埃尔文驶向亚平宁山脉，并发现了"创世岩"。宇航员们在岩身上钻下将要带回的岩心样本。

8 月 2 日：起飞后 163 小时 27 分钟
第三次舱外活动中，在月球车前往哈德利沟边沿前，岩石样本被成功取回。

8 月 2 日：起飞后 171 小时 37 分钟
猎鹰从月球表面起飞。斯科特和埃尔文共收集了 76.6 千克的样本。这是第一次，地球上的人们可以通过月球车上的摄像机看到登月舱的起飞过程。

8 月 4 日：起飞后 222 小时 3 分钟
奋进将第一枚"子卫星"发射入轨。

8 月 5 日：起飞后 242 小时 4 分钟
沃尔登在返回地球的途中执行了第一次深空舱外活动，将胶卷取回。

8 月 7 日：起飞后 295 小时 11 分钟
由于其中一个减速用降落伞失效，猎鹰在海中的降落要比以往更加困难。成员组被回收舰冲绳号接走。

（上图）为了悼念 14 位 NASA 和苏联已逝世的宇航员而留在月球上的纪念卡，倒下的小人代表着倒下的宇航员。

> **阳光下苍白的亚平宁山脉景色夺目，无数微小陨石的撞击使山峰的线条略显圆润。**

哈德利沟是所有阿波罗任务中最北边的着落点。因此到达那里就需要耗费更多的燃料，同时也将面临更大的挑战。在下降过程中，登月舱为了避开沿途 4500 米高的山峰，还要降落在哈德利沟的右侧，就不得不以比平常所采用的 15 度更大的进入角（26 度）下降。它所降落的这片区域也有别于之前所有的登月计划，人们对它知之甚少。当时，对这片区域所拍摄的最清晰的卫星图像分辨率最高也仅能达到 20 米。在降落过程中，斯科特发现自己迷失了方向，他十分担心自己有可能会降落在这 1 千米宽的峡谷的西面，又或是掉到峡谷当中。

当登月舱着陆后，他立刻把头从猎鹰号中探出来检视周围的地貌，判断地面是否适合月球车的行驶。阳光下苍白的亚平宁山脉景色夺目，无数微小陨石的撞击使山峰的线条略显圆润。

着陆的第二天，宇航员们便开始了他们第一次完整的舱外活动。斯科特宣布道："当我站在这里思考着哈德利峡谷中的那些未知的东西，我认识到有关我们人类本性的最基本的一条真理，那就是人必须去探索。"他和埃尔文发现的第一件事就是登月舱着陆后与地面有一个 10 度的夹角，这给月球车的例行展开工作增加了额外的困难。而这个倾角也使得他们在填充生命支持系统时出现了问题，埃尔文因此在舱外活动的时候无水可喝。

在月球上飙车

两位宇航员驾着月球车以最高 12 千米 / 小时的时速一路开往 10 千米外的圣乔治陨石坑。在接下来的一天，他们沿着亚平宁山脉山丘地带的大道寻找形成雨海撞击盆地（亚平宁山脉构成了盆地东面的边沿）的那次灾难性撞击所抛出来的岩石。他们所受到的地质学的训练将他们引导到了那块被称作"创世岩"的已有 40 亿年历史的岩石处。而这块岩石的年龄比雨海撞击盆地的年龄还要大。

在舱外活动的最后一天，他们驾着月球车前往哈德利沟。尽管在卫星图像中这里看上去遍布着危险的悬崖，但他们却发现原来这些所谓的悬崖只是由一个个相对平缓的 25 度缓坡所构成的。

这些发现来之不易。当登月舱再次与奋进号对接时，埃尔文出现了心律不齐的症状。这很有可能是由于舱外活动时脱水所引发的。"这次心律不齐的症状非常严重，"航空军医查克·贝里说道，"如果当时他在地面上，我会立刻要求把他送进重症监护室里并按心脏病治疗。"尽管埃尔文在返回地球的一路上没有再次出现症状。但几个月后，他的心脏病第一次发作了。最终，他于1991年死于心脏病。他是12位已逝月球行者中逝世最早也是逝世时最年轻的一位，这也成为阿波罗项目的一个悲伤的注脚。

（上图）一块有着光滑平面的岩石样本被钳子抓起并收集起来。

（左图）太阳风测量仪——阿波罗月面实验数据包的一部分。

（下图）海军潜水员打开了舱门，欢迎成员组返回地球。

任务徽章

著名服装设计师埃米利奥·璞琪设计了阿波罗15号的徽章。璞琪曾是一名鱼雷发射手，同时他还拥有政治科学的博士学位。徽章中的3只鸟代表了此次任务中的3名宇航员，但NASA将璞琪设计里采用的艳丽的绿色和紫色改成了更具有爱国色彩的红、白、蓝三色。背景里火山坑的形状是这次任务的罗马数字编号——15。

（上图）宇航员们从创始岩上取下的一个样本。科学家们得出结论说这是一块距今已有约40亿年历史的白色斜长岩。

93

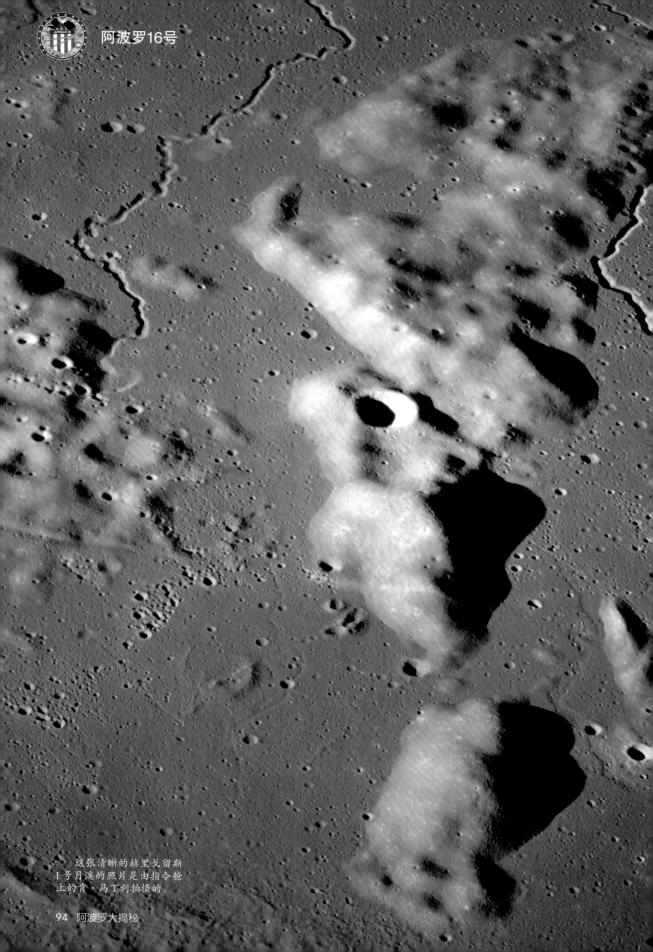

这张清晰的赫里戈留斯
I号月溪的照片是由指令舱
上的肯·马丁利拍摄的。

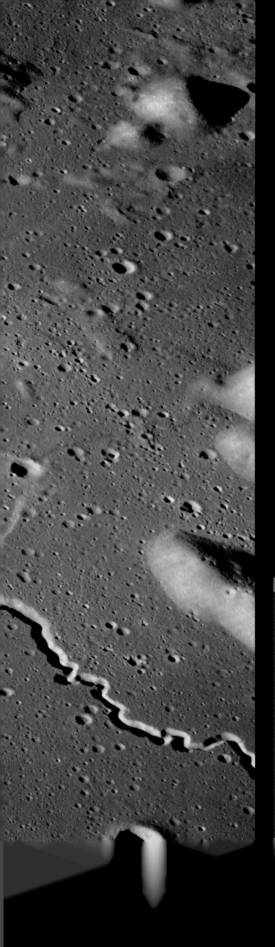

阿波罗
16 号

前往高地的第一次任务改变了我们对月球地质的认识

任务概要

目标：考察、勘测并收集位于笛卡尔高地的降落点附近的矿石样本。航天器在绕月期间，宇航员们还需执行比以往更多的在天任务并拍摄月球表面照片。

任务时长：11 天 1 小时 51 分钟。
月面驻留时间：2 天 23 小时 2 分钟 13 秒。
指令舱名：卡斯帕。
登月舱名：猎户座。

当宇航员们接近月球背
面时，他们回望地球所看
到的景色。

1972 年 4 月 16 日，阿波罗 16 号发射。这次任务再次搭载了月球车。这回，它被安装在登月舱的下降级内。约翰·扬是这次任务的指挥官，查尔斯·杜克是登月舱猎户座的驾驶员，而肯·马丁利则负责驾驶指挥舱卡斯帕。

猎户座和卡斯帕脱离后不久便立即开始在绕月轨道上编队漂移，在猎户座下降之前进行最后的检查。马丁利准备发动卡斯帕上的主发动机将指令舱推至一条可以在任何时候对出现问题的猎户座进行营救的轨道。可是，却是卡斯帕最先出现了问题。正当马丁利检查用来操作指令仓发动机的备用控制电路时，整个太空舱都开始剧烈抖动。"我简直就像个病鸟。"他告诉控制中心，很明显他知道这将危及登月行动。

两个太空舱就这样在太空中继续漂移了 6 个小时，直到控制中心做出让马丁利在主控电路上启动发动机的决定。这回系统工作一切正常，猎户座独自的旅程终于可以开始了。当登月舱在笛卡尔高地降落时，扬和杜克已经连续工作了 13 个小时。他们到达月面后的第一件事就是赶紧补个小觉。

作为本次登月 3 次舱外活动中的第一次，这次舱外活动的主要目的是要取出月球车，以及部署阿波罗月球表面实验包。扬在进行热流实验的时候遇到了问题。这个实验需要将两枚探头推入月面的表层土里以测量月球本身所发出的热量。但当他装好准备离开的时候，他的靴子勾到了一条电缆把它给扯松了，造成了无法修复的损坏，导致这个实验无法进行。好在爆破"重锤"实验里他进展得更为顺利一些，这个"重锤"由一根长杆，以及长杆一端形状像豌豆罐头一样装着 21 个炸药包的圆筒组成。它们将作为实验的一部分，用来收集地震数据进而帮助确定月壳的结构。在 90 米长装有探测器的电缆上，扬沿着电缆逐一在已标记好的位置上点燃了炸药，制造了多次小型的地震波。

> 66 正当马丁利检查用来操作指令仓引擎的备用控制电路时，整个太空舱都开始剧烈抖动。 99

任务成员

指挥官
约翰·扬

圣弗朗西斯科人扬生于 1930 年 9 月 24 日。他在佐治亚理工大学获得航空工程专业学位，并于 1962 年加入 NASA。他是唯一一位驾驶过 3 种不同航天器（双子星、阿波罗、航天机），而且每一种都飞行过两次的宇航员。他在 74 岁高龄时从 NASA 退休。

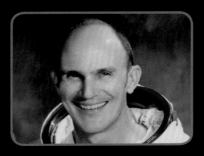

指令舱驾驶员
托马斯·肯·马丁利

肯·马丁利 1936 年 3 月 17 日生于芝加哥。他在阿拉巴马州奥本杜邦大学主修航空工程。在 1966 年加入 NASA 之前，他是美国空军的研究飞行员。按照原计划，他本应参加阿波罗 13 号的飞行，但当时他患上麻疹，因此被留在了地面。在阿波罗之后，1982 至 1985 年间，他指挥过数次航天飞机的飞行任务。

登月舱驾驶员
查尔斯·杜克

1935 年 10 月 3 日，生于北卡罗来纳州的杜克在美国海军学院完成大学学业，成为一名美国空军试飞员。他于 1966 年加入 NASA。阿波罗 11 号的任务中，他担任指令舱航通信员一职。他也是阿波罗 13 号的替补成员。当杜克于 20 世纪 70 年代中叶从 NASA 退休时，他也全身退出太空事业，转而投身商界。

替补成员
指挥官
佛莱德·海思

替补成员
指令舱驾驶员
斯图尔特·卢飒

替补成员
登月舱驾驶员
埃德加·米歇尔

（右图）在笛卡尔高地的第三次舱外活动中，扬正在检查一块巨大的岩石。

（下图）装有4颗手雷的发射箱已经准备好远程操控。

（右图）在北雷火山口，扬正在收集样本——到阿波罗16号任务时，宇航员们都已经成为很有经验的地质学家了。

扬在第一次舱外活动中站在紫红色陨石坑边沿。这个陨石坑宽40米，深10米。

（上图）从卡斯帕上看到的景象，登月舱正从月球上上升，准备与指令舱汇合。

> 真的，我还挺喜欢偶尔喝点橙汁的，但我要是被橙汁淹死那可就太混账了。

他们还部署了一个装有4枚由火箭助推的手雷发射箱，手雷将被用来产生更强烈的冲击波。每一枚手雷都被设置为在飞行了一段距离后再触地爆炸的延时模式，它们的飞行距离也从150米延伸至1.5千米。其中的3枚在一个月后阿波罗离开月球时远程引爆。由于发射装置被第三枚手雷的冲击波震歪了，第4枚的发射计划也因此被取消。

橙色警报

还在月球表面的时候，杜克在喝橙汁的时候就出了问题。医生们要求宇航员要定时饮用橙汁，以尽快提高体内的钾元素水平。但当杜克从头盔内的吸嘴吸橙汁的时候，水袋却漏水了。漏出的橙汁浸湿了他的太空服。一些饮料甚至跑到他的头发里。扬抱怨道："真的，我还挺喜欢偶尔喝点橙汁的，但我要是被橙汁淹死那可就太混账了。"控制中心提醒他请注意自己的言辞。

在月球停留期间，两名宇航员在总共3次舱外活动中驾着月球车一共行驶了27千米。尽管时不时发生的小故障让宇航员们随时都要保持警惕，登月舱的起飞以及与卡斯帕的重新对接过程却都还进展顺利。在卡斯帕返回地球的路上，马丁利还完成了一次太空行走，从卡斯帕号后端的服务舱取回了胶卷盒。

航天器于1972年4月27日降落地球。提康德罗加号航空母舰将指令舱运送至位于加利福尼亚圣地亚哥的北岛海军航空基地。在这里还有最后一难在等着卡斯帕的到来。

爆炸发生

由于阿波罗15号在着陆时，推进系统所排出的具有腐蚀性的燃料曾烧坏过一些降落伞吊带。所以在阿波罗16号重返地球时，要求不能排放任何剩余燃料。5月7日，当人们将这些有毒的残留物转移到装在小车上的储油罐里的时候。不知怎么回事，储油罐就因为内部压力过大而爆炸了。这使得周围46名技术人员被暴露在有毒烟雾当中，并导致其中一名技术人员膝盖骨骨折。所幸的是，这些技术人员当中并没有人受到永久性的伤害。

宇航员们在笛卡尔高地的所见难倒了 NASA 的地质学家们。他们在高地上并没有见到大家所预期的火山岩。扬和杜克一直将这件事看成是自己的失误，直到控制中心告诉他们："不要担心，正是因为你们的所见，我们将要重新描绘关于这里的图景。"对于阿波罗 16 号而言，月球就像指令舱卡斯帕一样会带来各种意外和惊喜。

（上图）位于月球远端的国王陨石坑，宽78 千米。

（右图）重新对接重返地球前的猎户座。

（上图）重返地球：扬和马丁利正在回收筏里休息。

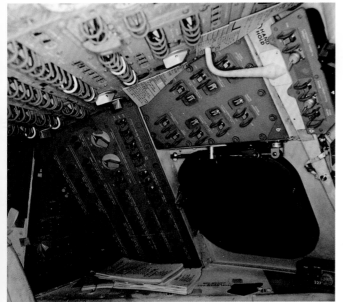

（左图）卡斯帕的内部：这台指令舱在飞行结束后的检查时带来了一场意外事件。

任务徽章

　　阿波罗 16 号上的成员们希望在他们的徽章里包含下面 3 个元素：爱国、团队合作以及他们的目的地——月球。16 颗白色的星星象征着外太空和这次飞行的编号。徽章中央的"如愿骨"是 NASA 航天飞行任务的象征。盾形图案仅在这枚徽章和阿波罗 10 号的徽章中出现过——在这两次飞行当中，约翰·扬均是成员之一。

从土星 5 号第一级
的 5 台发动机喷出的火
焰照亮了夜空。

1972 年 12 月 7 日

阿波罗 17 号

最后一次的载人登月任务仍创造了多个第一

任务概要

目标：宇航员们将降落在陶拉斯·利特罗山谷地区。他们将有望发现比之前取回的岩石样本年代更早和更晚的岩石。

任务时长：12 天 13 小时 52 分钟。
月面驻留时间：3 天 2 小时 59 分钟 40 秒。
指令舱名：美国。
登月舱名：挑战者。

当阿波罗 17 号呼啸着飞向太空时，佛罗里达的天空都被火光映为橙红色。

当 1960 年 NASA 开始构思阿波罗计划的时候，它所处的时代背景充斥着无比高涨的政治热情。冷战逐步升级，美苏开始了我们今天所知的"太空竞赛"。起初，阿波罗计划拟定要实现 20 次任务。但当尼尔·阿姆斯特朗迈出的第一步确定了美国在太空竞赛的胜利后不久，NASA 就被上层施压缩减开支。

阿波罗 20 号因而成为第一个牺牲品，该任务于 1970 年 1 月被取消。阿波罗 18 号和 19 号也在同年 9 月被叫停。此时 NASA 不得不重新规划剩余的飞行任务。原定飞往风暴洋马利厄斯丘陵的阿波罗 17 号这回将飞往位于风暴洋边沿的陶拉斯·利特罗山谷。从上一年阿波罗 15 号对该地的成像结果看，这个着陆点显示出近期有火山活动的迹象。

尽管阿波罗 17 号是阿波罗计划中的最后一次任务，但它仍创造了多个第一。它是肯尼迪航天中心的第一次夜间载人发射。但即便如此，发射时间再晚也不能阻止 50 万人聚集在一起观看火箭发射。这其中就包括了那时第一次观看火箭发射的帕特里克·摩尔爵士。这次任务也是第一次将一名接受过专门训练的科学家——登月舱驾驶员哈里森·施密特列入成员名单。在最初计划里，他本应随阿波罗 18 号登月，但随着该任务的取消，他也就被安排到了 17 号的成员组当中。作为一名地质学博士，施密特将对月面所见给出较前辈们更为细致入微的描述。

两个小技术问题导致搭载着指挥官尤金·塞尔南、指令舱驾驶员罗纳尔德·埃文斯和施密特的土星 5 号的发射被推迟了 2 小时 20 分钟。在东部标准时间凌晨 12：33，火箭终于发射。在完美地完成起飞、转弯段后，第三级火箭开始工作，这一举措将使轨道的最高点继续增加，直至与月球距离相匹配。之后，指令舱美国和登月舱挑战者从已燃尽燃料的火箭脱离，继续向前航行。

> " 但当尼尔·阿姆斯特朗迈出的第一步确定了美国在太空竞赛的胜利后不久，NASA 就被上层施压缩减开支。 "

任务成员

指挥官
尤金·塞尔南

塞尔南于 1934 年 3 月 14 日在芝加哥出生。他在海军研究生院主攻航天工程专业，并于 1963 年 10 月加入 NASA。他曾经驾驶过双子星 9 号，并乘坐阿波罗 10 号到达最近距月面 15250 米的位置。1976 年，在离开 NASA 后，塞尔南进入私企工作。

指令舱驾驶员
罗纳尔德·埃文斯

埃文斯于 1933 年 11 月 10 日在堪萨斯州的圣弗朗西斯出生。他也在海军研究生院学习航天工程。1966 年，他加入了 NASA。尽管他曾经作为替补指令舱驾驶员参加过阿波罗 14 号，但阿波罗 17 号是他唯一的一次太空飞行。1977 年离开 NASA 后他开始在工业领域工作。埃文斯于 1990 年 4 月 7 日因心脏病发作逝世。

登月舱驾驶员
哈里森·杰克·施密特

哈里森于 1935 年 7 月 3 日在新墨西哥州的桑塔丽塔出生。在作为第一名有科学家背景的宇航员飞行 NASA 的航天任务前，他就已经帮助 NASA 的宇航员们设计阿波罗前期任务准备阶段的地质学培训课程。施密特于 1975 年离开 NASA，在 1977 年至 1983 年期间，成为新墨西哥州共和党的议员。

替补成员
指挥官

约翰·扬

替补成员
指令舱驾驶员
斯图尔特·卢飒

替补成员
登月舱驾驶员
查尔斯·杜克

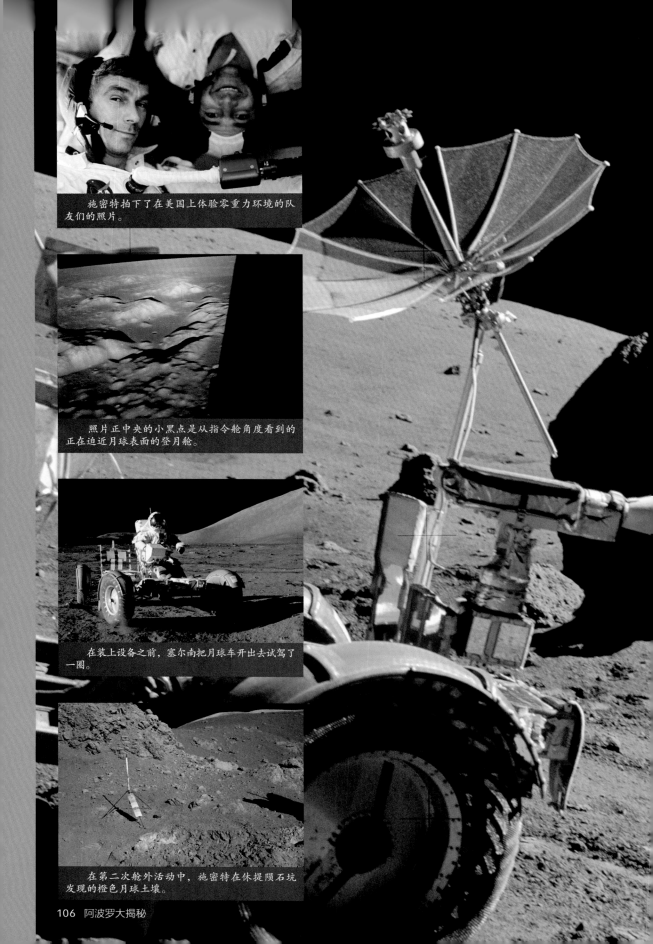

施密特拍下了在美国上体验零重力环境的队友们的照片。

照片正中央的小黑点是从指令舱角度看到的正在迫近月球表面的登月舱。

在装上设备之前，塞尔南把月球车开出去试驾了一圈。

在第二次舱外活动中，施密特在休提陨石坑发现的橙色月球土壤。

第三次，也是最后一次舱外活动时，
在一块巨石旁边工作的施密特。

任务时间线

1972年12月7日，格林尼治时间05:33

阿波罗计划的最后一次任务终于起飞。尽管这是第一次夜间发射，但仍有大约50万人见证了发射的过程。

12月7日：起飞后3小时12分钟

航天器在地球轨道上检查过后，指令舱与服务舱的发动机持续工作351秒，将其推向月球。

12月10日：起飞后86小时14分钟

指令舱与服务舱持续工作393秒，以降低飞行速度，使登月舱得以被月球的重力所捕捉。

12月11日：起飞后110小时21分钟

成员组降落在月面的目标地点。此时，登月舱内还剩有可以燃烧超过2分钟的推进燃料。

12月11日：起飞后114小时21分钟

塞尔南走下悬梯，踏上月球表面。

12月14日：起飞后168小时7分钟

宇航员最后一次进入登月舱。塞尔南成为最后一个在月球漫步的人。塞尔南和施密特在月面的总行程达到35.75千米，并带回了63千克的样本。

12月14日：起飞后185小时21分钟

登月舱从月球起飞，起飞过程被月球车的摄像机拍到。

12月15日：起飞后191小时18分钟

登月舱的上升级被抛弃，抛弃后，上升级的发动机点火使其撞向月球。这将为留在阿波罗着陆点处的地震仪提供数据。

12月17日：起飞后254小时54分钟

埃文斯离开指令舱，从服务舱取回胶片。

12月19日：起飞后301小时51分钟

指令舱降落在太平洋里，距回收舰USS提康德罗加号6.4千米的地方。

（上图）施密特站在美国国旗旁。在背景里的是登月舱挑战者以及月球车。

“与我们来到月球的时候一样，如果我们以后还能重返月球的话，我们所承载的是所有人类的和平与希望。”

白驹过隙

发射后约83个小时，阿波罗驶入月球轨道。发射时的延误被飞往月球时比预期更高的航速所弥补——这对这次任务来说是个好事，因为此时的太阳角度恰好能够帮助塞尔南和施密特在着陆过程中更容易注意到障碍物。

这次着陆的难度比以往任务都大：通常在月球着陆时，着陆范围所对应的椭圆大小为长轴3千米，短轴2千米。但是如果要在陶拉斯·利特罗山谷安全着陆，着陆范围就要缩减为一个1千米大小的圆形区域。

塞尔南将挑战者降落在目标区域内的一块平坦的地方。和先前的宇航员们一样，由于缺少熟悉的地标，天际线方向也没有任何参照物，施密特和塞尔南在估计距离和大小时也遇到了些麻烦。

着陆后还不到4个小时，塞尔南就已经准备迈下悬梯。他将自己在月球上迈出的第一步献给“所有令这一切成真的人们”。很快施密特也一道踏上了月面，并马上开始就他所能看到的附近的岩石展开说明。由于为第一次月球行走所指定的最远的目标也只有2千米远，所以这两位宇航员首先进行的是登月舱附近的工作。实践证明，这次的月球车部署起来相当容易。科学工作站的搭建工作也是一帆风顺。挑战者上的成员们已经准备好了去探索更远的地方。

在第一次月球行走工作中所体现的高效率，也同样出现在后两次乘坐着月球车进行的旅程当中。在第二次舱外活动中，施密特在休提陨石坑发现了一处橙色土壤，这引起了地球这边科学家们的一片骚动。这是否是近期月球活动的证据？回到地球进行分析后，数据显示月球上这个区域确实曾有过活跃的火山活动。但在时间上则远非近期。实际上，它可以追溯至大约37.2亿年以前。

在塞尔南最后一次步入登月舱前，他在舱门前短暂地停留，最后一眼望向月球。他说道：“我们这次从陶拉斯·利特罗山谷离开月球，与我们来到月球的时候一样，如果我们以后还能重返月球的话，我们所承载的是所有人类的和平与希望。"

到这里，我们的月球之旅暂告尾声，新的征程或许不久就将再次拉开帷幕。

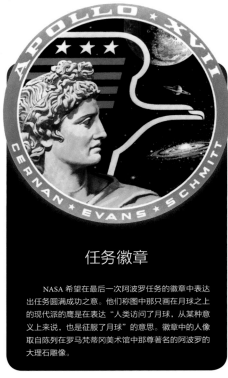

任务徽章

NASA 希望在最后一次阿波罗任务的徽章中表达出任务圆满成功之意。他们称图中那只画在月球之上的现代派的鹰是在表达"人类访问了月球，从某种意义上来说，也是征服了月球"的意思。徽章中的人像取自陈列在罗马梵蒂冈美术馆中那尊著名的阿波罗的大理石雕像。

（上图）被塞尔南和施密特留在月球的纪念牌。

（右图）准备与登月舱会合的指令舱美国。

（上图）回到地球的成员们在得克萨斯州艾灵顿空军基地迎接他们的家人。

（左图）从月球带回的样本之一。这块岩石重 461 克，长 10 厘米。

从地球到月球的竞赛赛程充满过回曲折

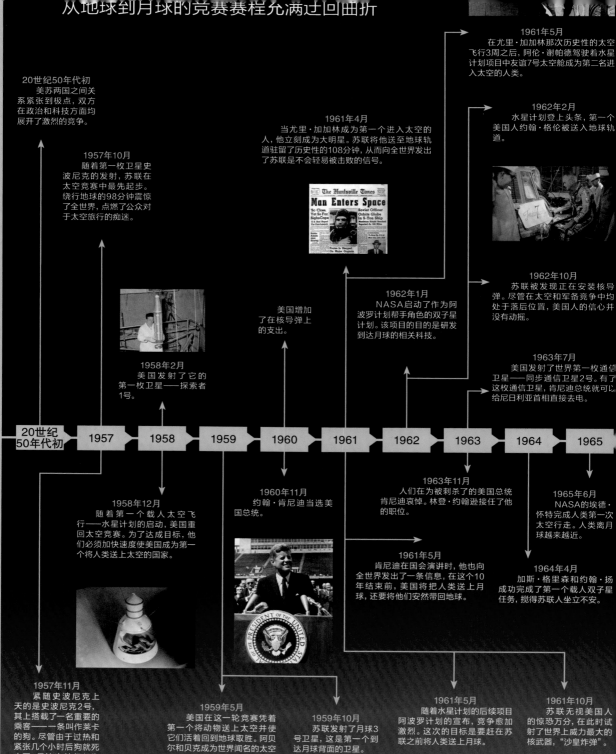

20世纪50年代初
美苏两国之间关系紧张到极点，双方在政治和科技方面均展开了激烈的竞争。

1957年10月
随着第一枚卫星史波尼克的发射，苏联在太空竞赛中最先起步。绕行地球的98分钟震惊了全世界，点燃了公众对于太空旅行的痴迷。

1958年2月
美国发射了了它的第一枚卫星——探索者1号。

美国增加了在核导弹上的支出。

1961年4月
当尤里·加加林成为第一个进入太空的人，他立刻成为大明星。苏联将他送至地球轨道驻留了历史性的108分钟，从而向全世界发出了苏联是不会轻易被击败的信号。

1961年5月
在尤里·加加林那次历史性的太空飞行3周之后，阿伦·谢帕德驾驶着水星计划项目中友谊7号太空舱成为第二名进入太空的人类。

1962年2月
水星计划登上头条，第一个美国人约翰·格伦被送入地球轨道。

1962年1月
NASA启动了作为阿波罗计划帮手角色的双子星计划。该项目的目的是研发到达月球的相关科技。

1962年10月
苏联被发现正在安装核导弹。尽管在太空和军备竞争中均处于落后位置，美国人的信心并没有动摇。

1963年7月
美国发射了世界第一枚通信卫星——同步通信卫星2号。有了这枚通信卫星，肯尼迪总统就可以给尼日利亚首相直接去电。

20世纪50年代初 | 1957 | 1958 | 1959 | 1960 | 1961 | 1962 | 1963 | 1964 | 1965

1958年12月
随着第一个载人太空飞行——水星计划的启动，美国重回太空竞赛。为了达成目标，他们必须加快速度使美国成为第一个将人类送上太空的国家。

1960年11月
约翰·肯尼迪当选美国总统。

1963年11月
人们在为被刺杀了的美国总统肯尼迪哀悼。林登·约翰逊接任了他的职位。

1965年6月
NASA的埃德·怀特完成人类第一次太空行走。人类离月球越来越近。

1961年5月
肯尼迪在国会演讲时，他也向全世界发出了一条信息，在这个10年结束前，美国将把人类送上月球，还要将他们安然带回地球。

1964年4月
加斯·格里森和约翰·扬成功完成了第一个载人双子星任务，搅得苏联人坐立不安。

1957年11月
紧随史波尼克上天的是史波尼克2号，其上搭载了一名重要的乘客——一条叫作莱卡的狗。尽管由于过热和紧张几个小时后狗就死去了，但这次航行却为科学家们提供了关于生物在太空环境生存的重要信息。

1959年5月
美国在这一轮竞赛凭着第一个将动物送上太空并使它们活着回到地球取胜。阿贝尔和贝克成为世界闻名的太空猴子，最重要的是，它们还活了下来。

1959年10月
苏联发射了月球3号卫星，这是第一个到达月球背面的卫星。

1961年5月
随着水星计划的后续项目阿波罗计划的宣布，竞争愈加激烈。这次的目标是要赶在苏联之前将人类送上月球。

1961年10月
苏联无视美国的惊恐万分，在此时试射了世界上威力最大的核武器，"沙皇炸弹"。

当苏联人将无人航天器月球9号降落在月球之上时，苏联在这一回合再次领先。与此同时，NASA也完成了土星3号火箭的研发。

阿波罗6号标志着无人任务的结束以及将人类送上月球的最后冲刺阶段的开始。

探测器5号标志着苏联再次回归竞赛。作为第一台绕月无人航天器，又将压力转到了NASA这一边。

NASA想要靠阿波罗7号这个继阿波罗1号之后的第一次载人飞行建立信心。这次任务成功了。

当阿波罗8号绕行月球时，成员们选择圣诞节这一天在电视直播中向全世界诵读圣经，振奋人们的心灵。

1966年11月
为了模拟失重环境，NASA引进了水下训练。这种训练方式将帮助双子星号的最终成员组训练如何在舱外工作。

1966年11月
由于美国害怕丢掉其势力和威望，加在NASA身上的压力也就越来越大。完整的月球计划浮出水面。

1968年1月
由于登月舱研发困难，阿波罗5号严重滞后。但这次无人任务也可以看作是一次成功。

1971年1月
阿波罗14号上的成员阿伦·谢帕德将高尔夫球从月球表面击飞后，宇航员终于得以在太空里享受了些运动。

1971年4月
苏联建立了第一个航天站——礼炮1号。

1970年1月
NASA宣布取消原定的阿波罗20号任务。这一决定实际上也就直接表示NASA已经感到了大众在第一次登月后对登月热情的骤减。

在阿波罗11号之后，公众对太空计划的兴趣急剧下降。大家都认为既然已经到达了月球，再在上面花钱也就不必要了。

1971年7月
阿波罗15号堪称最成功的一次月球旅行，但要求削减开支的声音却越来越大。

1972年4月
阿波罗16号是阿波罗计划倒数第二次飞行，但宇航员们却并没有浪费一分一秒，他们竭尽全力地工作，在月球上度过了将近3天的时间。

1972年12月
公众的支持越来越弱，NASA的经费也被砍削，阿波罗17号将是最后一次登月飞行。

1973年5月
美国建立天空实验室——美国的第一个航天站。

1975年7月
阿波罗一联盟号测试计划将太空航行的两大对手撮合在一起。这标志着太空竞赛的结束，而美国则成为这场竞赛中明显的赢家。

| 1966 | 1967 | 1968 | 1969 | 20世纪70年代初 | 1970 | 1971 | 1972 | 1973 | 1975 |

1967年1月
在阿波罗1号进行发射台测试时，一场大火带走了3名成员的生命。

1969年1月
理查德·尼克松成为美国总统。

1969年3月
阿波罗9号上的第一次太空行走使美国再次获得领先地位。在全世界人们的注目下，月球越来越近。

1969年5月
阿波罗10号是登月前的一次非正式盛装演习。看起来，美国已经有要赢得比赛的趋势。

1969年7月
将人类送上月球的梦想终于实现，阿波罗11号于1969年7月20日成功降落在静海。全球超过6亿人在电视上观看了这一幕。

1970年2月
当美国到处都在爆发为正在进行的战事反战示威的时候，登月带来的兴奋仿佛已经被遗忘到九霄云外去了。

1970年4月
阿波罗13号被认为是一次成功的失败。飞行途中的一次爆炸使得飞行任务中途被取消。由于差点再次酿成宇航员身殒太空的惨剧，反NASA的情绪进一步深化。

1975年7月
阿波罗一联盟号计划使用了为阿波罗18号研发的航天器。但来自美国公众的嘲讽并没有结束。这些人认为，将钱花在和苏联一起进行太空历险，与之前进行太空竞赛一样都是浪费。

1969年11月
阿波罗12号再次在月球上着陆，但公众的兴趣已有所下降。由于随行的彩色电视机不小心被损毁，大众也就无法收看到来自月球的画面。

1967年11月
阿波罗4号的技术优势就在那其后亮出的令人震撼的土星5号火箭。

如果谁想去找一位最适合第一个登上月球的候选人，毋庸置疑，去选尼尔·阿姆斯特朗就好了。我为我能够在他月球之旅前后和他有过接触并能够逐渐与他熟识感到万分荣幸。尼尔因心脏搭桥手术的并发症于 2012 年 8 月 25 日与世长辞，享年 82 岁。

登月舱降落在月面时，坐在舱内的阿姆斯特朗。

> 66 尼尔，私下里是一个非常腼腆的人，他更喜欢夸奖别人而非自己。 99

安静的自信

尼尔，私下里是一个非常腼腆的人，他更喜欢夸奖别人而非自己。如果你第一次见到他，你会立刻从他身上感受到一种安静的自信，仿佛一切危机都能被他化解——事实也是如此。在他返回地球那次，我有幸采访了他。后续又有几次采访，但这些采访过后，他便把自己隐入聚光灯外。

在成为宇航员之前，他曾担任过战斗机飞行员，在太空旅行后，他转行成为一名教师。他坚信要将自己所学传授给他人。他也因此在阿波罗计划之后，前往辛辛那提大学担任教授开始他的执教生涯。他并不喜欢接受采访。在这一点上他与他在阿波罗 11 号上的同事巴兹·奥尔德林不同。巴兹，

一言以蔽之，可能更像是一位"宣传家"。

考虑到我之前曾经采访过阿波罗 11 号上的这两位先行者。我想从我的角度去讲讲尼尔还是比较合适的，同时我也希望能够澄清一些在我看来是不好的坊间传言。

尼尔·阿姆斯特朗和巴兹·奥尔德林被选为最先登月的两人，曾经一直流传着关于"第一个下舱的人"是如何选择的讨论。确实，每当我们提起登月第一人的时候，所有的关注都落在了尼尔的身上，却鲜有人提起巴兹。在传言中，巴兹对此十分生气：作为证据，传言中还提到最初登月拍到的照片大多都是巴兹。而依我看来，对此有一个异常简单完美的解释：那就是，尼尔是任务当中的主摄影

师，想要给自己拍照自然不那么容易了。

请记住，在当时，太空航行是多么危险的事，尤其是对于第一次登月而言，未知和不确定的事情之多前无古人后无来者。当然，我们已经将月面地图绘制得无比详尽，也已将那些认为月面背面被松软、欺人的灰尘所覆盖的陈旧理论抛弃。但是，直到任务出发几年前，一名学术带头人仍旧断言任何降落在月面上的运载工具都将陷入月面那松软的尘土当中。如果这个断言是对的，那么月球旅行将几近不可能。

那时，没有任何人知道月面到底有多硬。不仅如此，如果太空舱降落在一处先前没有注意到的凹地，并且以一定角度着陆，那么太空舱将绝无可

能再次起飞并返回轨道。尼尔和巴兹向世人展示了登月的方法，其他步他们后尘的宇航员就得以知道该期待什么、不该期待什么了。

在登月过程中尼尔所体现出的另一个优点就是他的思维极为敏捷。当阿波罗 11 号向静海下降时，留给太空舱只有可供飞行几秒的燃料和一次着陆的机会。如果它们没有抓住机会，而是重新启动发动机返回轨道，那么"第一次登上月球的人"将另有他人。我这里必须强调，尽管下降过程并不完全如人们所预料，但做出着陆决定的是并且仅是尼尔。事实证明，他的决定是正确的。当他宣布"老鹰已经着陆"时，我想所有关注的人在那一刻都松了一口气。

尼尔·阿姆斯特朗从各方面而言都是登月第一人的不二人选。尽管还有很多人在专业水平和沉着冷静方面可以与他相匹敌，但我很怀疑会有谁能真正超过他。

我衷心地庆幸自己能够与他相识。

帕特里克·摩尔爵士 1923—2012

译者后记：
冷战的另一产物——自适应光学

第二次世界大战结束后，美苏两大阵营在政治、经济、军事、科技各方面展开较量。在那个只有想不到没有做不到的时代，很多真正的"黑科技"在这段时间出现。这里面最拉风的可能就是在太空项目的各种博弈了，人都要被送上月球了，更不要提各种侦查卫星满天飞。

（左图）（A）传说般的武器苏联1K17激光坦克；（B）比导弹飞得还快的美国SR71黑鸟高空超音速侦察机；（C）人类至今为止威力最大的炸弹苏联RDS-220"沙皇炸弹"；（D）专门用于发射核炮弹的美国280A型炮又称"冷战魔炮""原子安妮"。

（右图）美国星火光学靶场3.5米口径望远镜拍摄到的美国海洋卫星。

（下图）夏天的街道上热气蒸腾，地面上方温差造成的大气湍流使远处的东西看上去非常模糊。

在这个时候，要想做些不为人知的事情，就需要先知道对方安插在天上的"眼睛"在哪儿。但是这些间谍卫星本身也不大，需要特别高分辨率的望远镜才能看见它们。但天上的大气湍流时刻在变，它就像在望远镜前头放了一块质量很差的毛玻璃一样。在这种情况下，看到的卫星，大概是左图这个样子！

咱们在夏天的马路上看远处的东西，也会受到大气湍流的影响。就像下图里面远处的汽车那样看上去模模糊糊、来回晃动。但如果我们可以以特别快的速度探测湍流，在这很短很短的一瞬间，大气湍流就仿佛静止了一般。如果还可以根据探测结果，在望远镜成像光路上进行校正，就可以大幅削减湍流的影响，得到清晰的图像。这种可以高速探测大气湍流并恢复其对成像影响的技术，就叫做自适应光学技术。

由于要校正的是大气湍流，要想实现这一目标，自适应光学系统就需要：①探测大气湍流；②计算大气湍流对望远镜光学系统成像的影响；③校正大气湍流；④以上①②③步要在大气湍流基本没有变化的一瞬间完成，然后再重复①②③步。因为大气的变化很快，自适应光学做出反应动作的速度也就必须能够跟上大气的变化速度。这就跟武侠电影里凡人的一拳在出招如闪电的绝顶高手眼里都是慢动作一样，只要自适应光学能够把应对招数在大气变化之前使出，就可以大幅度降低大气湍流对地基光学望远镜成像的影响。那么这个出招速度大概得有多少呢？对于一个顶尖的天文台址，湍流的变化较慢，大概在4‰秒，即4毫秒变一次（尽管湍流的变化是连续的，但在这个极短时间段里，可以认为它的统计规律没有明显变化）。自适应光学的探测、计算、校正也就要至少在这4毫秒内相应地变化一次。要实现这样的高速校正，就不得不提自适应光

学系统所仰仗的4件特殊"兵器"：波前探测器、波前校正器以及实时控制器等。这里想讲的是前面没提到的第4件"兵器"——激光导引星，也是我们在搜索"自适应光学系统"时经常看到的如下图中所示的，从望远镜圆顶里射出的那束夺目的激光。

激光导引星是怎么回事儿呢。简而言之，我们在一片黑夜里搜寻某个东西，要想看清，最简单的方法就是用手电把它照出来。对于探测夜空中某个方向的大气湍流，要做的事其实也差不多，我们要看到它，就要把它"照亮"。由于湍流会造成空气在空间上存在密度的差异，那么当"照射"它的光波穿过它的时候，光波就会发生相应的变化。这些变化反应了当时大气湍流的情况，在探测到这些变化后，就可以计算重构出湍流的样子，加以校正。但从地面发射的光方向是远离地面的，大气湍流又不像地面的物体会反光，要想看到湍流影响后的光波，就需要从湍流的另一端向地面行进的光波，怎

（上图）中科院国家天文台、理化所与加拿大 UBC LZT 天文台的联合外场钠激光导星实验。

（下图）从主镜直径8.2米的欧洲甚大望远镜射出一束黄色的钠激光直指天空。

么办？办法就是要利用大气中的某些特性生成能够背向激光发射方向的光源。其中一种就是利用高度较低的范围内，也就是底层大气中的尘埃、大分子、气溶胶对光线的散射，产生低空光源，可以探测较低层的大气湍流。另一种则是利用高空大气中富含钠原子、离子的钠层，使用特殊的激光激发这些钠原子，产生全向的共振荧光，实现高空光源（钠激光导引星），继而探测全层的大气湍流。由于后面这种技术可以探测全层大气湍流，是目前最好的激光导引星技术。但由于高度高、距离远，就需要导引星亮度够高，对于相应钠激光器的要求也提高了很多，研发难度极大。

在讲述了一番自适应光学系统后，咱们再回到之前星火靶场那个例子。同样的采用上文中提到的那台 3.5 米口径望远镜，如果采用了自适应光学技术，再去看同一颗卫星就有了如下这样的效果。假如有了对间谍卫星这样的监测结果，自然就知道它们时时刻刻在往哪里注视，也就可以施展像"明修栈道暗度陈仓"之类的对策了。

尽管自适应光学系统最开始主要用于军用。但现在，得益于它可以在一定程度上削弱大气的影响，以及新一代的地基天文大口径光学/红外望远镜卓越的集光能力，它也开始在天文研究领域大放异彩。利用接近衍射极限的超高分辨率以及伴随而来的高灵敏度，大口径的光学/红外天文望远镜就可以看得更清、更远。它也因此成为当前国际上 10 米级口径天文光学/红外望远镜升级的主要方向之一，以及下一代 30 米级口径光学/红外望远镜的必要子系统。

（上图）星火靶场 3.5 米望远镜看到的美国海洋卫星（左）；没有采用自适应光学系统拍摄（中）；采用自适应光学系统拍摄（右）；再结合后续图像处理得到最终结果。

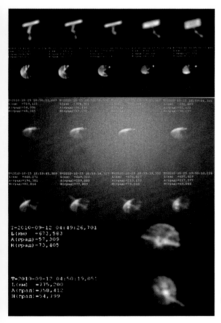

（左图）俄罗斯阿尔泰光学激光中心利用安装在 60 厘米望远镜上的自适应光学系统拍摄到的美国长曲棍球雷达间谍卫星。

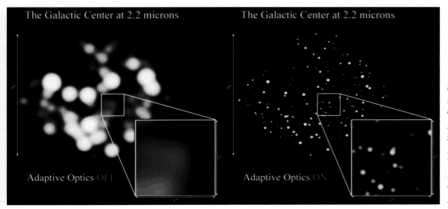

（左图）美国加州大学洛杉矶分校的银河系中心团组利用 10 米口径凯克望远镜观看银河系中心附近的同一区域图，左为自适应光学关闭时的照片，右为自适应光学系统打开时拍摄到的照片。自适应光学系统开始校正后，可以看到更多的恒星，在测算恒星运行轨道时就可以更精确，在估算银河系中心超大质量黑洞的质量时也将会更精确。